Lula 룰라와 친구들

코바늘로 완성하는 15명의 캐릭터와 인형 마을 이야기

또북

다샤 & 케이트 (Granny's Crochet Hook)

러시아 상트페테르부르크에서 태어난 자매로 뜨개질을 매우 좋아합니다. 그녀들은
인스타그램에서 누르 압달라의 캐릭터인 룰라를 처음 보았고, 그녀의 그림에서 영감을 받아
인형과 패턴을 디자인하였습니다. 룰라 가족과 그의 친구들은 그렇게 탄생하였습니다.
@grannyscrochethook

누르 압달라

베를린에 사는 일러스트레이터이자 디자이너로 장난감을 좋아합니다.
그녀의 아이들이 그녀의 작품을 보고 즐기는 것이 가장 큰 동기를 부여합니다.
그녀는 Granny's Crochet Hook을 만나 자연스럽게 함께 일하기 시작했으며
Granny's Crochet Hook이 인형으로 만드는 모든 캐릭터를 그렸습니다. @nourillu

Lula & her Amigurumi Friends

도트니트 03
DotKnit

코바늘로 완성하는 15명의 캐릭터와 인형 마을 이야기

룰라와 친구들

© 다샤 & 케이트, 누르 압달라, 2025

1판 1쇄 펴낸날 2025년 3월 25일

지은이 다샤 & 케이트 | **일러스트** 누르 압달라 | **옮긴이** 브론테살롱
총괄 이정욱 | **출판팀** 이지선·이정아·이지수 | **디자인** Design E.T.
펴낸이 이은영 | **펴낸곳** 도트북
등록 2020년 7월 9일(제25100-2020-000043호)
주소 서울시 노원구 동일로242길 87 2F
전화 02-933-8050 | **팩스** 02-933-8052
전자우편 reddot2019@naver.com
블로그 blog.naver.com/reddot2019
인스타그램 @dot_book_
ISBN 979-11-93191-07-1 13590

From. 다샤와 케이트

우리는 1년 이상 이 책의 패턴을 작업했고, 일정보다 조금 일찍 완성하게 되어 무척 안심했답니다. 하지만 서문을 쓰라는 요청을 받고 난관에 부딪혔어요. 우리의 책이 만들어진 배경은 다른 손뜨개 디자이너들과 달리 그다지 낭만적이지 않았거든요.

소련 붕괴 이후 성장한 우리는 별로 가진 것이 없었어요. 많은 사람이 수공예에 빠지고 창의성을 발휘하게 된 이유는 아이러니하게도 이런 사회적 배경 때문이었지요. 아름다운 드레스를 살 기회가 없어 직접 바느질하고, 스웨터를 뜨고, 집을 장식하기 위해 도일리를 뜨고, 학교 친구들에게 좋은 인상을 주기 위해 티셔츠에 멋진 프린트를 크로스스티치로 꿰매기도 했지요. 90년대에 들어서자 모든 것이 매우 빠르게 바뀌었어요. '선택할 것이 없는' 대신 '무엇을 선택해야 할지 모르겠는' 상황에 직면했습니다.

그러다 몇 년 전에 인터넷에서 마리아 솜머(Maria Sommer)의 손뜨개 인형인 암탉 자매(Hen Sisters) 사진을 우연히 보았습니다. 구글링을 통해 패턴을 구매할 수 있었지요. 그곳에는 암탉 무리뿐만 아니라 다양한 동물 친구들이 잔뜩 있었어요. 우리는 인형을 뜨고, 그 인형을 지역 시장에서 팔았는데, 친절한 프랑스 신사가 우리가 한 일이 매우 혁신적이라는 말을 건넸어요. 이 일은 어찌 보면 지루함의 연속으로 느껴지기 때문에, 그런 칭찬은 우리를 무척 흥분시켰지요. 그것이 우리의 일에 대한 최고의 칭찬이었답니다.

손뜨개는 우리가 긴장을 풀고 무언가를 만들면서 명상하고 결과물을 보고 크게 웃을 수 있기 때문에, 금세 우리의 가장 좋아하는 취미 중 하나가 되었습니다. 우리에게는 무엇보다 재미있는 일이 필요했어요. 손뜨개는 우리가 가장 좋아하는 일이 되었습니다.

이 책은 우리가 처음으로 큰 규모의 패턴에 도전한 결과물입니다. (그러니 따뜻하게 대해 주세요.^^). 팀원으로 전문 일러스트레이터를 두는 것은 큰 책임이자 엄청난 도전이기도 합니다. 다행히 누르 역시 손뜨개가 취미였기 때문에 캐릭터를 패턴으로 창조해 내는 과정에서 많은 도움을 받을 수 있었습니다. 우리가 콧수염이 있는 대머리 신사와 보라색 머리의 스케이트 타는 할머니를 만들게 될 줄 그 누가 알았을까요! 우리는 그들을 최대한 존중한다는 것을 알아주셨으면 해요. 그리고 정말 최선을 다했습니다!

더 이상 채팅에 시간을 낭비하지 말고, 커피 한 잔 마시며 손뜨개 작품을 만들어 보세요. 아마도 모든 사람의 삶에 룰라가 필요하다는 걸 알게 될 거예요.

From. 누르 압달라

저는 아랍에미리트의 레바논계 가정에서 태어나 이탈리아에서 공부했고, 지금은 독일에서 디자이너 겸 일러스트레이터로 일하고 있어요. 그래서 특정 정체성이나 문화로 저 자신을 규정하는 것을 좋아하지 않습니다. 저는 배경에 상관없이 다른 사람을 있는 그대로 받아들이고 적응할 수 있도록 열린 사고방식으로 아이들을 키우는 것을 가장 중요하게 생각했어요.

저는 유색인종을 주인공으로 한 아동 도서를 찾는 데 어려움을 겪었기 때문에, 지중해 소녀인 룰라를 생각해 냈습니다. 그녀가 가족, 이웃, 지인과 함께 국제적인 도시에서 살면서 겪는 모험에 대한 이야기를 만들었어요. 이 이야기 속에 등장하는 캐릭터들은 모두가 자신의 이야기, 신념, 문화적 배경을 가지고 있으며 평화롭게 함께 살고 있습니다. 룰라는 누구를 만나든 유쾌하고, 그녀의 모험은 항상 도덕적 주제를 담고 있답니다.

저는 2020년에 제 인스타그램 계정에 제가 만든 첫 번째 스케치를 올렸습니다. 얼마 후, 다샤와 케이트가 저에게 연락해서 룰라와 그녀의 작은 테디베어를 손뜨개 인형으로 만들 수 있을지 물었습니다. 그게 시작이었죠. 그때부터 이 놀라운 책으로 이어질 아이디어가 샘솟았습니다. 아, 재미있는 사실 하나를 알려드릴게요. 이 책의 대부분 등장인물은 실제 인물에서 영감을 받았습니다! 그럼 이제 룰라와 친구들을 만드는 것을 즐기세요. 즐거운 인형 마을 이야기도 함께!

이 책의 인형을 만드는 법

이 책에 나오는 인형들은 모양, 크기, 색상이 다양하지만, 사실 그들은 매우 가까운 친척입니다. 모든 인형은 유사하고 반복적인 요소를 가지고 있습니다. 만약 뜨고 있는 부분의 사진이 보이지 않는다면, 이전 패턴에서 찾아보세요.

	핏	다리	머리	머리카락	바지	셔츠
파파						
마마						
룰라						
보						
그랜파						
그랜마						
게리						
마야						
하디						
마르타						
토비						
스테판						
하비바						

* 같은 색깔 = 같은 패턴

기본 재료

실

이 책의 모든 패턴에는 해당 디자인을 만드는 데 사용한 소재를 소개했는데, 여기에는 실의 두께도 포함됩니다. 이 인형을 만드는 데 여러 가지 다른 유형의 실로 작업해 봤는데, 그 중 면과 혼방(면/아크릴) 실이 이 작업에 가장 적합합니다. 누르의 캐릭터에는 다양한 색상의 실을 선택했습니다.

하지만 실 선택에 얽매일 필요는 없습니다. 면, 아크릴 또는 울의 무게에 적절한 코바늘을 사용한다면 다른 실을 사용해도 좋습니다. 패턴에 실의 양은 나와 있지 않습니다. 실의 양은 뜨개를 얼마나 느슨하게 또는 단단히 뜨느냐에 따라 달라집니다. 다른 작업에서 남은 실을 사용하거나 새로운 실로 시작할 수 있습니다. 일반적으로 한 가지 색상의 실뭉치 하나로 충분합니다.

코바늘

실 뿐만 아니라 코바늘도 다양한 종류와 크기가 있습니다. 바늘이 클수록 코가 커집니다. 따라서 실의 굵기와 무게에 맞는 코바늘 크기를 사용하는 것이 중요합니다. 손뜨개 인형은 단단해야 하며, 속이 빠져나갈 틈이 없어야 합니다.

코바늘은 일반적으로 알루미늄이나 강철로 만듭니다. 금속 코바늘은 더 쉽게 미끄러지기 때문에 고무 또는 인체공학적 손잡이가 있는 코바늘을 선택하는 것이 좋습니다.

이 책의 인형에는 작은 크기의 코바늘을 사용하지만, 정해진 것은 없습니다. 다른 크기로 작업하거나 더 무거운 실을 사용하려면 코바늘과 실을 변경해도 좋습니다.

이 책의 옷은 종종 다른 부분보다 약간 더 큰 코바늘로 만듭니다. 실의 느슨한 정도를 잘 조절한다면 모든 부분에 같은 코바늘을 사용할 수 있습니다. 딱 맞게 조절하는 것이 힘들다면 패턴에 표시된 대로 약간 더 큰 코바늘 크기를 선택하는 것이 가장 좋습니다.

마커

마커는 금속이나 플라스틱으로 만든 작은 클립입니다. 시작점을 표시하고 각 단에서 올바른 수의 스티치를 했는지 확인할 수 있는 간단한 도구입니다. 마커는 대부분 마지막 코에 걸어 표시합니다.

충전재

인형에 충전재를 채우는 것은 필수입니다. 인형을 잘 채우지 않으면 인형이 슬퍼 보이거나 늘어져 보일 수 있으며, 부품을 꿰매기 시작하기도 전에 울퉁불퉁해질 가능성이 높습니다. 특히 인형 머리는 테니스 공만큼 단단해야 하며, 만져지는 덩어리나 구멍이 없어야 합니다. 속을 채우고 젓가락을 머리에 바로 꽂을 수 있다면 속을 더 채워야 한다는 뜻입니다. 손뜨개 인형과 오래 함께하고 싶다면 인내심을 가지고 충전재를 채워주세요! 속 채우기에는 폴리에스터 섬유 충전재를 사용하는 것이 좋습니다. 저렴하고 세탁이 가능하며 알레르기가 없습니다.

재료 목록

패턴에 표시된 재료 목록이 길다고 화내지 마세요. 엄마의 작은 머리핀을 만들기 위한 와이어 롤이나 보의 신발에 사용할 단추를 꼭 사지 않아도 됩니다. 특히 단추 등의 부자재는 한 팩으로 판매하는 경우가 많습니다. 인형 하나만 만들 거라면 지나치게 많은 재료를 살 필요가 없습니다. 대체 재료를 사용해도 됩니다. (때로는 제안한 재료보다 더 나은 경우도 있지요.)

우리는 이 인형들을 1년 동안 계속 만들었는데, 이케아(IKEA) 베개의 충전재가 가장 가성비가 좋았고, 꽃철사보다는 우산 구조의 와이어가 더 활용하기 좋았어요. 몸의 '숨겨진' 부분(예: 나중에 바지로 덮이는 부분)을 만드는 데는 유행에 뒤떨어진다고 생각하는 실을 사용하세요. 쓰고 남은 꼬리실은 자수실로 활용할 수 있으니 버리지 마세요. 색다른 재료를 사용하고, 조정하고, 재활용하고, 실험하고, 즐기세요!

바느질

인형을 조각조각으로 만들어서 가지고 놀 수도 있고, 패턴에서 요구하는 것보다 더 짧은 팔이나 다리를 만들어 디자인을 변형할 수도 있습니다. 다만 각각의 부분에 충전재를 넣고 꿰맨 다음 몸통에 연결하는 것이 편리합니다. 유연함과 창의력을 발휘해 보세요.

우리는 돗바늘을 사용하여 머리 등 큰 부분을 꿰매고 마무리합니다. 날카로운 재봉 바늘은 작은 부분을 꿰매고 자수하는 데 사용합니다.

실 끝의 여러 가닥 중 하나 또는 두 가닥만 사용할 때는 작은 바늘을 사용합니다. 이렇게 하면 깔끔하게 보입니다.

얼굴 특징

일반적으로 얼굴 특징을 나타내기 위해 위치를 정해준 것은 크게 중요하지 않습니다. 왜냐하면 인형의 모양과 표정은 여러 요인에 따라 달라지기 때문입니다. 얼마나 단단히 뜨는지, 어떤 색상의 실을 사용하는지, 어떻게 속을 채우는지 등등에 따라 달라지지요. 그래서 인형이 완성되기 전까지는 얼굴에 자수를 하지 않습니다.

우리는 완성된 모양을 보고 어느 위치가 좋은지 살펴보며 수를 놓아야 합니다. 얼굴의 특징을 상상하며 다양하게 시도하고, 가장 귀여운 옵션을 찾을 때까지 계속 해볼 것을 권합니다. 그것이 단과 콧수를 꼼꼼히 세는 것보다 더 중요합니다. 마커나 재봉핀을 사용하여 얼굴의 특징을 먼저 표시하는 것이 좋습니다. 이 책에서는 나사형 인형눈을 사용하지 않습니다.

인형눈

3세 미만 어린이에게 장난감을 선물할 때는 와이어, 단추, 구슬 등을 사용하지 마세요. 작은 단추와 구슬은 프렌치 매듭으로 대체할 수 있습니다.

난이도

초급 (★) 중급 (★★) 고급 (★★★)

패턴에는 만들기가 얼마나 쉬운지를 나타내는 수준이 표시되어 있습니다. 손뜨개 인형을 처음 만드는 경우 초급에서 시작하여 중급 및 고급 순으로 작업하는 것이 좋습니다.

패턴의 구조

- 모든 캐릭터는 v 모양 스티치를 사용합니다. 이 스티치로 만들면 코늘리기나 코줄이기를 한 땀이 잘 보이지 않습니다.
- 이 책의 패턴은 주로 연속적인 나선형으로 작업합니다. 나선형으로 뜨는 것은 단이 끝나고 시작되는 곳을 명확하게 알 수 없으므로 혼란스러울 수 있습니다. 단의 시작 지점이나 끝 지점은 마커로 마지막 코에 표시하면 알기 쉽습니다. 다음 단을 뜨고 나면 마커 바로 위에서 끝나야 합니다. 각 단이 끝날 때마다 마커를 이동하면 현재 뜨는 곳을 알 수 있습니다.
- 각 줄의 시작 부분에는 현재 단을 나타내는 숫자가 있습니다. 단이 반복되는 경우 '9~12단'이라고 표시했습니다. 이런 경우 같은 패턴으로 9, 10, 11, 12단을 뜨면 됩니다.
- 일부 패턴은 나선형이 아닌 연결된 단으로 작업합니다. 단의 첫 코에 빼뜨기로 끝내고 사슬뜨기로 마무리하세요 . 다른 지시가 없다면 마지막 사슬뜨기는 콧수에 포함하지 않습니다.

- 연결된 단에서 뜨개를 시작할 때는 빼뜨기한 코에서 시작하면 됩니다.
- 패턴 설명의 끝에는 총 콧수를 [9코]와 같이 표기했어요. 뜨는 중간에 총 콧수를 확인하면 실수를 줄일 수 있습니다.
- 둥근 괄호 뒤에 × 표시가 있으면 괄호 안의 작업을 제시한 만큼 반복하세요. 이렇게 하면 패턴을 줄이고 덜 복잡하게 만들 수 있습니다.

주의할 점

손뜨개 인형을 처음 뜨는 경우라면 패턴에 따라 먼저 하나를 만들어 보세요. 그러면 자신에게 맞는 작업 방식을 찾을 수 있습니다. 숙련자라면 마음에 드는 패턴이나 인형을 발견할 수 있을 거예요. 패턴에 따라 작업하는 것이 기술을 테스트하는 것은 아닙니다. 몇 단과 몇 코로 만들었는지 세어 확인할 사람은 없으니까요. 인형이 아름답다고 생각하면 인형을 만드는 데 쓰인 시간과 노력이 기쁘게 느껴질 거예요. 즐겁게 뜨고, 뜨며 즐기세요!

아미구루미 갤러리

각 패턴에는 해당 캐릭터의 전용 온라인 공간으로 이동하는 URL과 QR 코드가 포함되어 있습니다. 완성된 손뜨개 인형을 공유하고, 다른 작품을 통해 영감을 얻고, 아이디어를 나눌 수 있습니다. 링크를 따라가거나 휴대폰으로 QR코드를 스캔하세요. iOS가 있는 휴대폰은 카메라 모드에서 QR 코드를 자동으로 스캔하세요. Android가 있는 휴대폰의 경우 QR 코드 스캐닝을 활성화하거나 별도의 QR 리더 앱을 설치해야 할 수 있습니다.

 www.amigurumi.com/3900 을 방문하여 이 책의 패턴으로 만든 작품 사진을 공유하거나 다른 사람이 만든 캐릭터에서 영감을 얻으세요.

기본 스티치

손뜨개 인형을 처음 만드는 경우 뜨기 방법을 참고하세요. 이 책에 나오는 모든 인형과 옷은 기본 스티치를 이용하여 만들 수 있습니다. 인형을 만들기 전에 기본 스티치 연습을 하는 것이 좋습니다. 뜨개 방법과 명칭을 익혀두면 해당 페이지를 다시 찾아볼 필요 없이 더 편안하게 패턴을 읽을 수 있어요.

스티치 튜토리얼 영상

각 스티치 설명에는 온라인 스티치 튜토리얼 영상으로 연결되는 URL과 QR 코드가 포함되어 있어 쉽고 빠르게 익힐 수 있는 기술을 단계별로 보여줍니다. 링크를 따라가거나 스마트폰으로 QR 코드를 스캔하세요. iOS가 설치된 휴대폰은 카메라 모드에서 자동으로 QR 코드를 스캔합니다. Android 휴대폰의 경우 먼저 QR 리더 앱을 설치해야 할 수도 있습니다.

사슬뜨기

① 처음 시작할 때 사슬뜨기를 사용할 수 있다.

② 고리를 만들어 그 사이로 실을 걸어 당겨 조인다.

③ 고리에 바늘이 걸린 채로 실을 뒤에서 앞으로 감아 고리 밖으로 잡아 당긴다. 사슬 1코가 완성된다.

④ 이 단계를 반복하여 기초 사슬코를 만든다.

www.stitch.show/ch
방문 또는 QR 스캔

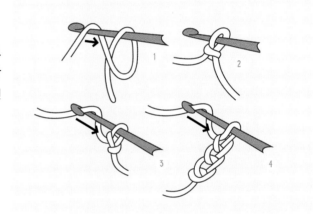

짧은뜨기

① 이 책에서 가장 자주 사용되는 스티치이다. 바늘을 다음 코에 넣고 실을 감아 코 사이로 잡아 당긴다.

② 바늘에 2개의 고리가 생긴다.

③ 실을 다시 감아 2개의 고리에 동시에 통과시킨다.

④ 1코가 완성된다.

⑤ 계속하여 반복한다.

www.stitch.show/sc
방문 또는 QR 스캔

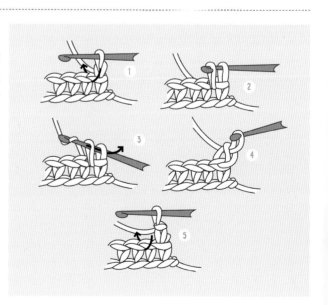

빼뜨기

① 빼뜨기는 한 번에 하나 이상의 코를 이동하거나 뜨기 작업을 마무리하는 단에서 사용한다. 다음 코에 바늘을 넣는다.

② 실을 감고 바늘에 걸린 고리를 통과한다.

www.stitch.show/
slst
방문 또는 QR 스캔

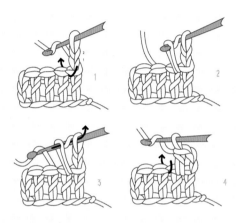

긴뜨기

① (새로운 단을 시작할 때 2개의 사슬코를 떠서 긴뜨기 1코의 기둥코로 삼는다.) 바늘에 실을 감고 코에 넣는다.

② 코를 통과해 실을 끌어온다.

③ 바늘에 3개의 고리가 생긴다. 실을 다시 감고 고리를 모두 통과한다.

④ 계속하여 반복한다.

www.stitch.show/
hdc
방문 또는 QR 스캔

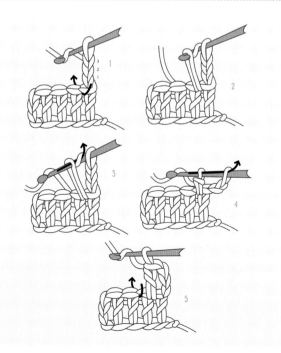

한길긴뜨기

① (새로운 단을 시작할 때 3개의 사슬코를 떠서 한길긴 뜨기 1코의 기둥코로 삼는다.) 바늘에 실을 감고 코에 넣는다.

② 코를 통과해 실을 끌어온다.

③ 바늘에 3개의 고리가 생긴다. 실을 다시 감고 고리를 2개만 통과한다.

④ 바늘에 2개의 고리가 남는다. 마지막으로 다시 실을 감고 남은 2개의 고리를 모두 통과한다.

⑤ 1코가 완성된다. 계속하여 반복한다.

www.stitch.show/dc
방문 또는 QR 스캔

두길긴뜨기

① (새로운 단을 시작할 때 4개의 사슬코를 떠서 긴뜨기 1코의 기둥코로 삼는다.) 바늘에 2번 실을 감고 코에 넣는다.

② 코를 통과해 실을 끌어온다.

③ 바늘에 4개의 고리가 생긴다. 실을 다시 감고 고리를 2개만 통과한다.

④ 바늘에 3개의 고리가 남는다. 다시 실을 감고 2개의 고리를 통과한다.

⑤ 바늘에 2개의 고리가 남는다. 다시 실을 감고 고리를 모두 통과한다. 1코가 완성된다. 계속하여 반복한다.

www.stitch.show/tc
방문 또는 QR 스캔

세길긴뜨기

① 바늘에 실을 3번 감고 코에 넣는다.

② 코를 통과해 실을 끌어온다.

③ 다시 실을 감고 처음 2개의 코를 통과한다.

④ 이 과정을 마지막에 고리 하나가 남을 때까지 3번 반복한다.

www.stitch.show/dtc
방문 또는 QR 스캔

코늘리기

1코에 짧은뜨기를 2개를 하여 코를 늘린다.

www.stitch.show/inc
방문 또는 QR 스캔

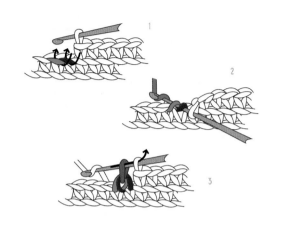

안 보이게 코줄이기

① 코를 안 보이게 줄이면 줄인 코가 다른 코와 비슷하게 보여 코가 고른 작품을 완성할 수 있다. 코의 앞쪽 고리에만 바늘을 넣는다. 다시 다음 코의 앞쪽 고리에 바늘을 넣는다.

② 실을 감아 2개의 고리를 통과한다.

③ 실을 다시 감아 마지막 남은 2개의 고리를 통과하면 완성된다.

www.stitch.show/dec
방문 또는 QR 스캔

긴뜨기 안 보이게 코줄이기

① 실을 감고 코에 바늘을 넣어 통과시킨다.

② 코를 통과해 실을 끌어온다

③ 바늘에 3개의 고리가 생긴다. 실을 감아 다음 코에 바늘을 넣어 통과시킨다.

④ 바늘에 5개의 고리가 생긴다. 실을 감아 한번에 고리를 통과한다.

www.stitch.show/
hdcdec
방문 또는 QR 스캔

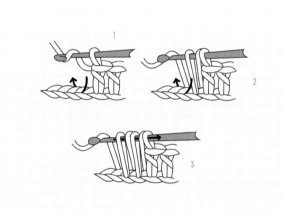

앞고리 이랑뜨기 / 뒷고리 이랑뜨기

① 코바늘뜨기를 하면 코의 위에는 2개의 고리가 생긴다. 앞고리는 자신을 향한 쪽이고, 뒷고리는 반대쪽이다.

② 이랑뜨기는 동일한 방법으로 뜨지만, 고리를 하나만 걸어서 뜬다. 앞고리 이랑뜨기는 자신을 향한 앞고리를, 뒷고리 이랑뜨기는 뒷고리를 걸어 뜬다.

www.stitch.show/
FLO-BLO
방문 또는 QR 스캔

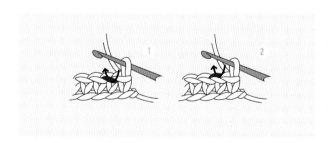

매직링 만들기

매직링은 코바늘뜨기를 시작하는 방법이다. 콧수를 다양하게 조정할 수 있고, 중앙에 구멍이 남지 않게 잡아당긴다는 것이 장점이다.

① 실을 교차하여 원을 만든다.

② 바늘로 고리를 만들되 세게 잡아당기지 않는다.

③ 중지와 엄지로 원을 잡고 검지에 실을 감는다.

④-⑤ 실을 감고 고리를 통해 당겨 사슬을 만든다.

⑥ 실을 다시 감는다.

⑦ 링을 통과해 잡아당기고, 다시 한번 실을 감는다.

⑧ 바늘에 걸린 2개의 고리를 통해 잡아당기면 1코가 완성된다.

⑨-⑩ 6~8의 과정을 반복하여 원하는 만큼의 콧수를 만든다. 실 꼬리를 잡아당겨 원을 조인다.

1단이 완성된다. 마커를 사용해 단 표시를 한 다음, 다음 단을 계속 뜬다.

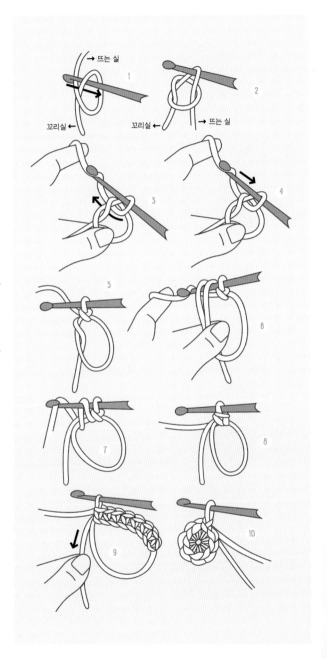

www.stitch.show/
magicring
방문 또는 QR 스캔

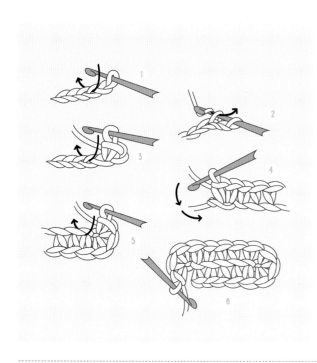

기초 사슬코 만들기

① 일부 작품은 매직링 대신 타원형 기본코로 시작한다. 패턴에서 지시한 만큼의 사슬코를 이용한다. 바늘에 걸린 고리에서 바로 다음 코는 건너뛰고, 2번째 코에 바늘을 넣는다.

② 짧은뜨기를 한다.

③ 패턴대로 코에 바늘을 넣고 실을 감아 통과하며 작업한다.

④ 마지막 코에 이르면 아래쪽 고리가 위로 가도록 뒤거꾸로 잡는다. .

⑤ 기초 사슬코의 반대쪽 고리에 바늘을 넣어 작업한다.

⑥ 마지막 코는 처음 만든 코 옆에서 끝난다.

www.stitch.show/
oval
방문 또는 QR 스캔

앞걸어뜨기 / 뒤걸어뜨기

바늘이 뒤에서 앞으로 나와서 고리를 걸어 뜨면 뒤걸어뜨기, 앞에서 뒤로 들어가며 고리를 걸어뜨면 앞걸어뜨기가 된다.

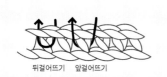

뒤걸어뜨기   앞걸어뜨기

www.stitch.show/
BP-FP
방문 또는 QR 스캔

스파이크 스티치

다음 코의 고리 대신 아랫단의 코에 작업한다.

① 바로 아랫단 해당 코에 바늘을 넣고 실을 감아 통과한다.

② 바늘에 2개의 고리가 생긴다. 다시 실을 감고 고리를 통과한다.

www.stitch.show/
spike
방문 또는 QR 스캔

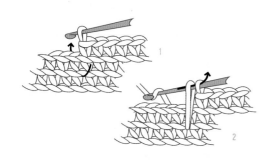

피코 스티치

가장자리에 장식하기 위한 방법이다.

패턴에 지시한 대로 사슬뜨기를 한다.

① 사슬의 첫 코에 바늘을 넣는다.

② 실을 감고 고리를 통과한다.

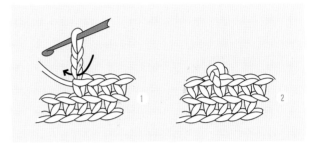

www.stitch.show/
picot
방문 또는 QR 스캔

버블 스티치

① 실을 감고 코에 바늘을 넣는다.

② 코를 통과해 실을 끌어온다.

③ 바늘에 3개의 고리가 생긴다. 실을 감고 2개의 고리를 통과하면 1개의 고리가 남는다.

④ 같은 코에 같은 방법으로 2번 반복한다.

⑤ 바늘에 4개의 고리가 생긴다. 실을 감아 고리를 모두 통과한다.

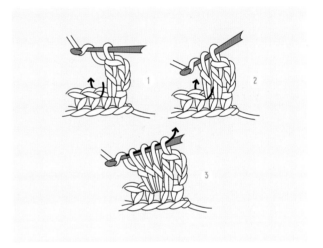

www.stitch.show/
bobble
방문 또는 QR 스캔

안 보이게 실 색깔 바꾸기

① 다른 색의 실로 바꾸고 싶을 때는 바꾸기 2코 전부터 작업한다. 마지막에 남은 2개의 고리에 실을 끌어오지 않는다.

② 대신 새로운 색의 실을 걸어 2개의 코를 통과시키며 끌어온다. 새로운 색의 코가 다음 코의 고리가 된다.

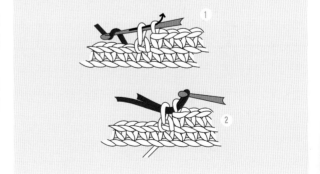

www.stitch.show/
coloorchange
방문 또는 QR 스캔

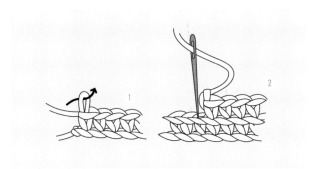

실 정리하기

① 마지막 코에서 여유 있게 실을 남기고 끊는다. 마지막 고리에 넣어 완전히 통과하도록 잡아당긴다.

② 매듭이 완성되면 남은 실을 돗바늘에 걸고 다음 코의 뒤쪽 고리에 넣어 감춘다.

③ 남은 실이 빠지지 않도록 여러 땀을 교차하며 실을 숨기고 자른다.

www.stitch.show/
fastenoff
방문 또는
QR 스캔

프렌치 매듭

프렌치 매듭은 바느질 기법이다.

① 매듭을 만들 위치에 바늘을 뒤에서 앞으로 넣은 다음, 바늘에 실을 2번 감는다.

② 바로 옆에 있는 코에 바늘을 넣고 조심스럽게 당겨서 매듭이 남아있도록 한다. 같은 코에 넣으면 매듭이 사라져 보이지 않으니 주의한다.

www.stitch.show/
frenchknot
방문 또는 QR 스캔

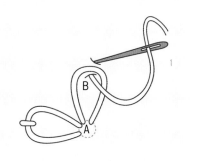

레이지데이지 스티치

장식하기 위한 바느질 기법이다.

① 작은 원이 되도록 고리를 크게 만든다.

② 잎 모양의 원 안쪽에서 나와서 고리를 고정하고 뒤로 바늘을 넣어 고정한다.

www.stitch.
show/
lazydaisy
방문 또는 QR 스캔

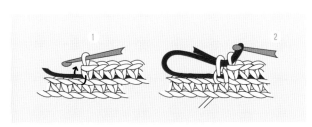

태피스트리

www.stitch.show/
tapestry
방문 또는 QR 스캔

① 다른 색의 실 가닥을 코 안에 넣고, 그 실을 따라가면서 기존 실로 계속 뜬다.

② 색을 바꾸는 지점에서 마지막 남은 2개의 고리에 따라가던 다른 색 실을 걸어서 끌어온다.

파파

룰라와 보의 아빠예요. 그는 지중해 출신의 커피숍 주인이에요. 그는 매달 모든 이웃과 지역 사회와 관련된 주제를 토론하고, 최근 성과를 공유할 수 있는 토론 포럼을 주최합니다. 물론 이웃들과 수다 떠는 것을 더 좋아하지요.

난이도

★

완성 작품 크기

28.5 cm

재료 및 도구

- 실
  • 흰색
  • 진분홍색
  • 연베이지색
  • 파란색
  • 진회색
  • 적갈색(조금)
- 코바늘 1.5mm, 1.75 mm
- 검정색, 연갈색, 분홍색 자수실
- 자수용 바늘
- 돗바늘
- 핀
- 셔츠와 바지용 작은 단추 6개(2mm)
- 발을 지탱하기 위한 단추 2개(2cm)
- 마커
- 충전재

www.amigurumi.com/3901
사이트에 작품을 올려보세요. 다른 작품을 통해 영감을 얻을 수 있어요.

다리(2개)   실: 흰색, 진분홍색, 연베이지색 / 코바늘 1.5mm

1단 : 흰색. 매직링에 짧은뜨기 6 [6코]

2단 : 코늘리기 6 [12코]

3단 : (짧은뜨기 1, 코늘리기 1) × 6 [18코]

4단 : 짧은뜨기 1, (코늘리기 1, 짧은뜨기 2) × 5, 코늘리기 1, 짧은뜨기 1 [24코]

5단 : (짧은뜨기 3, 코늘리기 1) × 6 [30코]

6단 : 뒷고리 이랑뜨기로 짧은뜨기 30 [30코]

7~8단 : 짧은뜨기 30 [30코]

> Note : 이때 발 안쪽에 평평한 단추를 넣는다. 귀여운 작은 발굽과 같은 모양을 만들려면 밑창을 평평하게 유지하는 것이 중요하다.(사진 1)

9단 : (짧은뜨기 3, 안 보이게 코줄이기 1) × 6 [24코]

10단 : 짧은뜨기 1, (안 보이게 코줄이기 1, 짧은뜨기 2) × 5, 안 보이게 코줄이기 1, 짧은뜨기 1 [18코]

실 바꾸기 : 진분홍색. 충전재를 계속 채우면서 뜬다.

11~18단 : 짧은뜨기 18 [18코]

19단 : 뒷고리 이랑뜨기로 짧은뜨기 18 [18코]

20단 : 스파이크 스티치 18 [18코]

실 바꾸기 : 연베이지색

21단 : 뒷고리 이랑뜨기로 짧은뜨기 18 [18코]

22~41단 : 짧은뜨기 18 [18코]

실 바꾸기 : 흰색

42단 : 짧은뜨기 18 [18코]

43단 : 스파이크 스티치 18 [18코]

44단 : 뒷고리 이랑뜨기로 짧은뜨기 18 [18코]

45~50단 : 짧은뜨기 18 [18코]

첫 번째 다리는 실을 끊고 정리한다. 두 번째 다리에 몸을 이어서 뜬다.

몸   실: 흰색, 파란색 / 코바늘 1.5mm

두 번째 다리에 흰색 실로 이어뜬다. 기초 사슬코의 양쪽을 따라 뜬다.

1단 : 사슬뜨기 12, 첫 번째 다리에 짧은뜨기 18(사진 2), 사슬코에 짧은뜨기 12, 두 번째 다리에 짧은뜨기 18, 기초 사슬코의 반대쪽 고리에 짧은뜨기 12 [60코] 첫 번째 다리에 짧은뜨기 9. 여기가(몸의 측면) 다음 단의 시작 지점이 된다. 마커로 표시해 둔다.(사진 3)

2단 : (짧은뜨기 9, 코늘리기 1) × 6 [66코]

3단 : 짧은뜨기 5, (코늘리기 1, 짧은뜨기 10) × 5, 코늘리기 1, 짧은뜨기 5 [72코]

Note : 계산을 잘못해서 한 땀을 놓쳤거나 한 땀이 늘어났다고 당황할 필요 없다. 다음 단에서 코늘리기나 코줄이기를 하여 전체 콧수를 맞추면 된다. 인형이 크기 때문에 티가 나지 않는다.

4~9단 : 짧은뜨기 72 [72코]

10단: 뒷고리 이랑뜨기로 짧은뜨기 72 [72코]

11단: 스파이크 스티치 72 [72코]

실바꾸기: 파란색

12단: 뒷고리 이랑뜨기로 짧은뜨기 72 [72코]

13~24단: 짧은뜨기 72 [72코]

25단: 짧은뜨기 5, (안 보이게 코줄이기 1, 짧은뜨기 10) × 5, 안 보이게 코줄이기 1, 짧은뜨기 5 [66코]

26~29단: 짧은뜨기 66 [66코]

30단: (짧은뜨기 9, 안 보이게 코줄이기 1) × 6 [60코]

31단: 짧은뜨기 4, (안 보이게 코줄이기 1, 짧은뜨기 8) × 5, 안 보이게 코줄이기 1, 짧은뜨기 4 [54코]

32단: (짧은뜨기 7, 안 보이게 코줄이기 1) × 6 [48코]

33단: 짧은뜨기 3, (안 보이게 코줄이기 1, 짧은뜨기 6) × 5, 안 보이게 코줄이기 1, 짧은뜨기 3 [42코]

34단: (짧은뜨기 5, 안 보이게 코줄이기 1) × 6 [36코]

35단: 짧은뜨기 2, (안 보이게 코줄이기 1, 짧은뜨기 4) × 5, 안 보이게 코줄이기 1, 짧은뜨기 2 [30코]

충전재를 채워넣은 다음, 꼬리실을 남기고 끊는다.

머리 실: 연베이지색 / 코바늘 1.5mm

1단: 매직링에 짧은뜨기 6 [6코]

2단: 코늘리기 6 [12코]

3단: (짧은뜨기 1, 코늘리기 1) × 6 [18코]

4단: 짧은뜨기 1, (코늘리기 1, 짧은뜨기 2) × 5, 코늘리기 1, 짧은뜨기 1 [24코]

5단: (짧은뜨기 3, 코늘리기 1) × 6 [30코]

6단: 짧은뜨기 2, (코늘리기 1, 짧은뜨기 4) × 5, 코늘리기 1, 짧은뜨기 2 [36코]

7단: (짧은뜨기 5, 코늘리기 1) × 6 [42코]

8단: 짧은뜨기 3, (코늘리기 1, 짧은뜨기 6) × 5, 코늘리기 1, 짧은뜨기 3 [48코]

9단: (짧은뜨기 7, 코늘리기 1) × 6 [54코]

10단: 짧은뜨기 4, (코늘리기 1, 짧은뜨기 8) × 5, 코늘리기 1, 짧은뜨기 4 [60코]

11단: (짧은뜨기 9, 코늘리기 1) × 6 [66코]

12단: 짧은뜨기 5, (코늘리기 1, 짧은뜨기 10) × 5, 코늘리기 1, 짧은뜨기 5 [72코]

13~27단: 짧은뜨기 72 [72코]

28단: 짧은뜨기 5, (안 보이게 코줄이기 1, 짧은뜨기 10) × 5, 안 보이게 코줄이기 1, 짧은뜨기 5 [66코]

29단: (짧은뜨기 9, 안 보이게 코줄이기 1) × 6 [60코]

30단: 짧은뜨기 4, (안 보이게 코줄이기 1, 짧은뜨기 8) × 5, 안 보이게 코줄이기 1, 짧은뜨기 4 [54코]

31단: (짧은뜨기 7, 안 보이게 코줄이기 1) × 6 [48코]

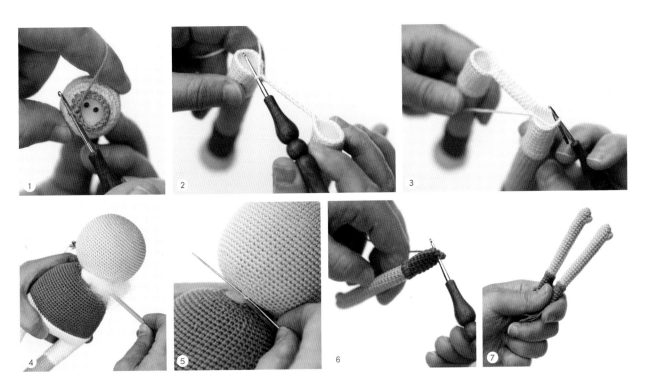

충전재를 계속 채우면서 뜬다.

32단: 짧은뜨기 3, (안 보이게 코줄이기 1, 짧은뜨기 6) × 5, 안 보이게 코줄이기 1, 짧은뜨기 3 [42코]

33단: (짧은뜨기 5, 안 보이게 코줄이기 1) × 6 [36코]

34단: 짧은뜨기 2, (안 보이게 코줄이기 1, 짧은뜨기 4) × 5, 안 보이게 코줄이기 1, 짧은뜨기 2 [30코]

35단: 뒷고리 이랑뜨기로 (짧은뜨기 3, 안 보이게 코줄이기 1) × 6 [24코]

36단: 짧은뜨기 1, (안 보이게 코줄이기 1, 짧은뜨기 2) × 5, 안 보이게 코줄이기 1, 짧은뜨기 1 [18코]

충전재를 단단하게 채운다.

37단: (안 보이게 코줄이기 1, 짧은뜨기 1) × 6 [12코]

38단: 안 보이게 코줄이기 6 [6코]

꼬리실을 남기고 끊는다. 바늘을 사용하여 꼬리실을 앞쪽 사슬코에 엮고 단단히 당겨 정리한다. 머리 34단의 남은 앞쪽 코를 사용하여 머리와 몸을 함께 꿰맨다. 솔기를 닫기 전에 목과 어깨 부위에 충전재를 단단하게 채운다.(젓가락 사용)(사진 4-5)

팔(2개) 실: 연베이지색, 파란색 / 코바늘 1.5mm

1단: 연베이지색. 매직링에 짧은뜨기 5 [5코]

2단: 코늘리기 5 [10코]

3단: 짧은뜨기 10 [10코]

4단: 짧은뜨기 4, 한길긴뜨기 5코 버블 스티치 1, 짧은뜨기 5 [10코]

5~24단: 짧은뜨기 10 [10코]

실 바꾸기: 파란색

Note: 팔 안쪽에서 실을 바꾼다. 만약 조금 차이가 있다면 짧은뜨기를 줄이거나 추가하여 위치를 맞춘다.

25단: 뒷고리 이랑뜨기로 짧은뜨기 10 [10코]

26단: 스파이크 스티치 10 [10코]

27단: 뒷고리 이랑뜨기로 짧은뜨기 10 [10코]

28~33단: 짧은뜨기 10 [10코]

팔의 아랫부분만 충전재를 채워서 바느질 후 팔 부분이 너무 튀어나오지 않도록 한다. 팔을 평평하게 하고 다음 단에서 두 겹을 겹쳐 작업한다.

34단: 짧은뜨기 5 [5코] (사진 6-7)
꼬리실을 남기고 끊는다. 팔을 몸의 31~32단쯤에 바느질한다.

머리카락 실: 진회색 / 코바늘 1.5mm
1단: 매직링에 짧은뜨기 6 [6코]
2단: 코늘리기 6 [12코]
3단: (짧은뜨기 1, 코늘리기 1) × 6 [18코]
4단: 짧은뜨기 1, (코늘리기 1, 짧은뜨기2) × 5, 코늘리기 1, 짧은뜨기 1 [24코]
5단: (짧은뜨기 3, 코늘리기 1) × 6 [30코]

6단: 짧은뜨기 2, (코늘리기 1, 짧은뜨기 4) × 5, 코늘리기 1, 짧은뜨기 2 [36코]
7단: (짧은뜨기 5, 코늘리기 1) × 6 [42코]
8단: 짧은뜨기 3, (코늘리기 1, 짧은뜨기 6) × 5, 코늘리기 1, 짧은뜨기 3 [48코]
9단: (짧은뜨기 7, 코늘리기 1) × 6 [54코]
10단: 짧은뜨기 4, (코늘리기 1, 짧은뜨기 8) × 5, 코늘리기 1, 짧은뜨기 4 [60코]
11단: (짧은뜨기 9, 코늘리기 1) × 6 [66코]
12단: 짧은뜨기 5, (코늘리기 1, 짧은뜨기 10) × 5, 코늘리기 1, 짧은뜨기 5 [72코]
13단: (짧은뜨기 11, 코늘리기 1) × 6 [78코]
14~18단: 짧은뜨기 78 [78코]
19~24단: 긴뜨기 18, 짧은뜨기 1, 빼뜨기 1, 짧은뜨기 1, 긴뜨기 9, 짧은뜨기 48 [78코]
25단: 긴뜨기 18, 짧은뜨기 1, 빼뜨기 1, 짧은뜨기 1, 긴뜨기 9, 빼뜨기 2, 사슬뜨기 6, 2번째 사슬코에 빼뜨기 1, 사슬코에 짧은뜨기 3, 긴뜨기 1, 건너뛰기 1, 짧은뜨기 42, 빼뜨기 1, 사슬뜨기 6, 빼뜨기 1, 2번째 사슬코에 짧은뜨기 3, 긴뜨기 1, 건너뛰기 1, 빼뜨기 1 [98코]
　Note: 사슬뜨기한 부분은 아빠의 구레나룻 부분이 된다.
26단: 빼뜨기 1, 짧은뜨기 2, 긴뜨기 12, 짧은뜨기 2, 빼뜨기 3 [20코]
뜨지 않은 코는 그대로 둔다.(사진 8-9)
머리카락 모양을 잡기 위해 꼬리실을 길게 남기고 끊는다.

- 마지막 빼뜨기한 코가 가르마의 시작 부분이 된다.
- 가르마를 머리의 약 45° 각도 위치로 정하고 핀으로 고정한다.
- 꼬리실 끝을 가닥으로 나누고 바늘에 한두 가닥 넣는다.
- 머리 앞쪽 꼭대기의 가르마 부분을 핀으로 표시한다. 머리카락과 머리에 짧은 땀을 몇 개 떠서 가르마를 고정한다.(사진 10) 실을 끊고 정리한다.
- 다른 실 조각을 여러 가닥으로 나누고 1~2가닥을 사용하여 머리카락의 뒤쪽을 머리에 꿰맨다. 실을 끊고 정리한다.
- 구레나룻을 핀으로 고정하고 꿰맨다. 머리카락 아래에 충전재를 추가하여 볼륨을 준다.(사진 11) 머리 모양이 사진과 같이 매끄럽고 고르며 모양이 좋은지 확인한다. 원하는 모양이 나오면 실 1~2 가닥을 사용하여 머리 앞부분을 꿰매고 실을 끊고 정리한다.

귀(2개) 실: 연베이지색 / 코바늘 1.5mm

실을 길게 남기고 시작한다.

1단: 매직링에 짧은뜨기 7 [7코]

매직 링을 단단히 닫아 고정하고, 꼬리실을 길게 남긴다.

귀를 머리 양쪽, 구레나룻 바로 뒤에 꿰맨 다음, 실을 끊고 정리한다.

바지 실: 흰색 / 코바늘 1.75mm

사슬뜨기 72. 첫 코에 빼뜨기하여 원을 만든다. 사슬이 꼬이지 않도록 조심한다.

1단: 사슬코에 짧은뜨기 72 [72코]

> Note: 아빠에게 입혀 본다. 완성한 1단의 원 모양이 셔츠 밑단 아래 몸에 잘 맞아야 한다. 너무 꽉 끼면 좀 더 큰 코바늘을, 너무 느슨하면 더 작은 코바늘을 사용하는 것이 좋다.

2~15단: 짧은뜨기 72 [72코]

평평하게 펴서 36개의 코로 나눈다. 첫 번째 바지 다리를 뜬다.

16단: 짧은뜨기 36, 건너뛰기 36 [36코]

이 36개의 코만 계속해서 작업한다.

17~41단: 짧은뜨기 36 [36코]

> Note: 바지를 입혀본다. 한두 바퀴 정도 덜 뜨거나 더 뜨고 싶을 수도 있다. 바짓단은 좀 짧게 떠서 아빠 양말이 보이도록 한다.

42단: 빼뜨기 36 [36코]

실을 끊고 정리한다. 바지 15단의 뜨지 않은 코에 두 번째 바지 다리를 이어서 뜬다.(사진 12-13)

16~42단: 첫 번째 다리와 똑같은 방법으로 뜬다. 실을 끊고 정리한다.

벨트 실: 진회색, 흰색 / 코바늘 1.75mm

바지 허리의 1단, 뒤쪽에서 진회색 실을 걸어 올린다.

1단: 빼뜨기 72 [72코]

2단: 뒷고리 이랑뜨기로 짧은뜨기 72 [72코]

3단: 스파이크 스티치 72 [72코]

실 바꾸기: 흰색

4단: 뒷고리 이랑뜨기로 빼뜨기 72 [72코] (사진 14-15)

실을 끊고 정리한다. 흰색 실로 벨트 고리 4개를 뜬다.(사진 16-17) 벨트 고리를 만들고 싶은 부분에 마커로 표시를 해도 좋다.

멜빵 실: 적갈색 / 코바늘 1.75mm

사슬뜨기 53

1단: 4번째 사슬코에서 시작하여 빼뜨기 36, 사슬뜨기 39, 4번째 사슬코에서 시작하여 빼뜨기 36, 나머지 코에 짧은뜨기 14

- 꼬리실을 길게 남기고 끊는다. 멜빵의 아랫부분 중앙을 바지 1단의 뒤쪽 중앙에 바느질한다.(사진 18)

- 바지를 입히고, 멜빵을 어깨 위로 당겨 바지 앞부분 끝에 바느질한다. 멜빵을 풀 수 있게 하려면 멜빵 끝의 단추 구멍에 맞춰 바지에 두 개의 작은 단추를 바느질한다.(사진 19)

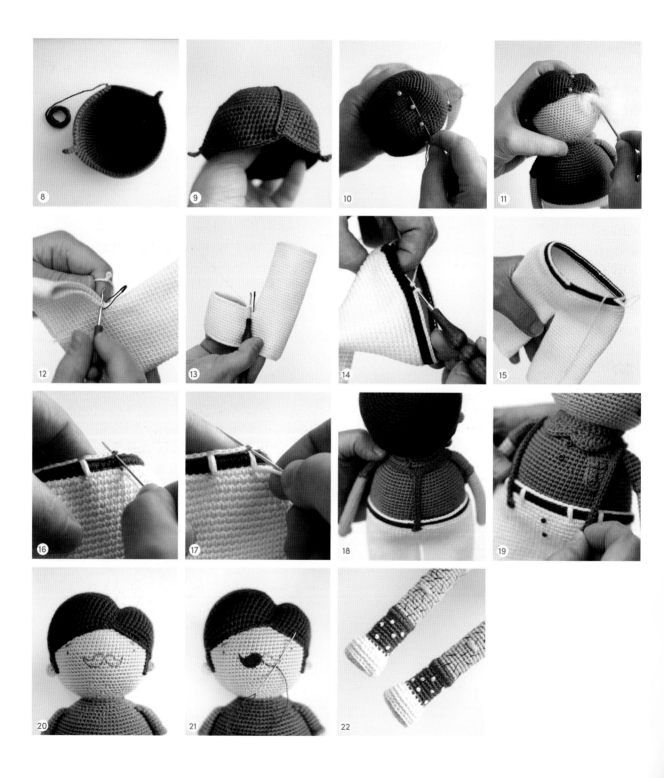

칼라 실: 파란색 / 코바늘 1.5mm / 패턴 4 (135쪽)

사슬뜨기 38

1단: 2번째 사슬코에서 시작하여 짧은뜨기 37, 사슬뜨기 1, 뒤집기 [37코]

2단: 짧은뜨기 3, (코늘리기 1, 짧은뜨기 5) × 5, 코늘리기 1, 짧은뜨기 3, 사슬뜨기 1, 뒤집기 [43코]

3단: 짧은뜨기 16, 긴뜨기 1, 한길긴뜨기 2, 긴뜨기 1, 짧은뜨기 1, 빼뜨기 1, 짧은뜨기 1, 긴뜨기 1, 한길긴뜨기 2, 긴뜨기 1, 짧은뜨기 16, 사슬뜨기 1, 뒤집기 [43코]

4단: 빼뜨기 15, 짧은뜨기 1, 긴뜨기로 코늘리기 1, 한길긴뜨기로 코늘리기 2, 긴뜨기로 코늘리기 1, 짧은뜨기 1, 빼뜨기 1, 짧은뜨기 1, 긴뜨기로 코늘리기 1, 한길긴뜨기로 코늘리기 2, 긴뜨기로 코늘리기 1, 짧은뜨기 1, 빼뜨기 15 [51코]

꼬리실을 길게 남기고 끊는다. 몸의 34~35단 사이에 칼라를 바느질하여 고정한다.(사진 19)

가슴 주머니 실: 파란색 / 코바늘 1.5mm / 패턴 1 (135쪽)

사슬뜨기 5. 기초 사슬코의 양쪽을 따라 뜬다.

1단: 2번째 사슬코에서 시작하여 짧은뜨기 3, 다음 코에 짧은뜨기 5 기초 사슬코의 반대쪽 고리에 짧은뜨기 3, 사슬뜨기 1, 뒤집기 [11코]

2단: 짧은뜨기 4, 코늘리기 3, 짧은뜨기 4 [14코]

실을 끊고 정리한다. 파란색 실 1가닥을 사용하여 셔츠에 주머니를 꿰맨다.

마무리하기

- 얼굴에 자수를 한다. 마커나 재봉핀을 사용하여 먼저 눈, 입, 콧수염, 뺨의 위치를 표시한다.
- 눈은 진회색이나 검은색 자수실 1~2가닥을 사용한다. 머리의 19단에 눈을 배치하고, 18코 정도 간격을 두고 수놓는다.
- 연갈색 자수실을 사용하여 눈썹과 콧수염을 수놓는다.(사진 20-21)
- 분홍색 자수실을 사용하여 눈 아래에 뺨을 수놓는다.
- 바지와 셔츠 앞면에 작은 단추나 구슬을 꿰매거나 프렌치 매듭을 만든다.
- 여기저기에 몇 개의 스티치를 만들어 디테일을 살릴 수 있다. 예를 들어, 주머니에 솔기를 추가하거나, 연베이지색 실을 사용하여 무릎에 패치워크를 만들거나, 진회색 실을 사용하여 바지에 줄무늬를 추가할 수 있다.
- 양말을 물방울 무늬로 장식한다. 흰색 실을 사용하여 프렌치 매듭으로 만든다.(사진 22)

마마

룰라와 보의 엄마예요. 그녀는 핸드백 디자이너
랍니다. 아빠의 커피숍 옆에 있는 자신의 숍에서
독특한 핸드메이드 가방을 판매합니다. 그녀는
아침에 홍차를 마시고, 밤에는 취미로 다양한 손
뜨개를 즐기지요.

난이도
★

완성 작품 크기
28.5 cm

재료 및 도구
- 실
  • 흰색
  • 보라색
  • 연베이지색
  • 진회색
- 코바늘 1.5mm, 1.75 mm
- 검정색, 분홍색 자수실
- 자수용 바늘
- 돗바늘
- 핀
- 드레스용 작은 단추 3개(2mm)
- 귀걸이 및 머리핀용 구슬 4개(3mm)
- 머리핀용 와이어 10cm
- 발을 지탱하기 위한 단추 2개(2cm)
- 마커
- 목공용 풀
- 충전재

www.amigurumi.com/3902
사이트에 작품을 올려보세요. 다른 작품을
통해 영감을 얻을 수 있어요.

다리(2개) 실: 진회색, 연베이지색, 흰색 / 코바늘 1.5mm

1단: 진회색. 매직링에 짧은뜨기 7 [7코]

2단: 코늘리기 7 [14코]

3단: (짧은뜨기 1, 코늘리기 1) × 7 [21코]

4단: 뒷고리 이랑뜨기로 짧은뜨기 21 [21코]

5단: 짧은뜨기 21 [21코]

> Note : 이때 발 안쪽에 평평한 단추를 넣는
> 다. 귀여운 작은 발굽과 같은 모양을 만들려
> 면 밑창을 평평하게 유지하는 것이 중요하다.

6단: (짧은뜨기 1, 안 보이게 코줄이기 1) × 7 [14코]

실 바꾸기: 연베이지색

7~12단: 짧은뜨기 14 [14코]

충전재를 계속 채우면서 뜬다.

13단: 코늘리기 1, 짧은뜨기 13 [15코]

14~18단: 짧은뜨기 15 [15코]

19단: 짧은뜨기 7, 코늘리기 1, 짧은뜨기 7 [16코]

20~24단: 짧은뜨기 16 [16코]

25단: 코늘리기 1, 짧은뜨기 15 [17코]

26~30단: 짧은뜨기 17 [17코]

31단: 짧은뜨기 8, 코늘리기 1, 짧은뜨기 8 [18코]

32~36단: 짧은뜨기 18 [18코]

실 바꾸기: 흰색

37단: 뒷고리 이랑뜨기로 짧은뜨기 18 [18코]

38단: 스파이크 스티치 18 [18코]

39단: 뒷고리 이랑뜨기로 코늘리기 18 [36코]

40~44단: 짧은뜨기 36 [36코]

첫 번째 다리는 실을 끊고 정리한다. 두 번째 다리에 몸을 이어서 뜬다.

몸 실: 흰색, 연베이지색 / 코바늘 1.5mm

1단: 흰색. 첫 번째 다리에 짧은뜨기로 연결한다. 이어서 짧은뜨기 32코, 나머지 3코는 남겨둔다. 두 번째 다리의 4번째 사슬코에서 시작하여 짧은뜨기 33 [66코]

2단: 짧은뜨기 66 [66코] (사진 1)

첫 번째 다리의 꼬리실을 사용하여 다리 사이의 틈을 꿰매어 매꾼다.(사진 2-3)

3~12단: 짧은뜨기 66 [66코]

실 바꾸기: 연베이지색

> Note: 나머지 몸 부분은 드레스로 덮이기 때문에, 다른 색의 실을 사용해도 괜찮다. 단, 마지막 3~4단은 제외한다.

13단: 짧은뜨기 66 [66코]

14단: (짧은뜨기 9, 안 보이게 코줄이기 1) × 6 [60코]

15~19단: 짧은뜨기 60 [60코]

20단: 짧은뜨기 4, (안 보이게 코줄이기 1, 짧은뜨기 8) × 5, 안 보이게 코줄이기 1, 짧은뜨기 4 [54코]

21~25단: 짧은뜨기 54 [54코]

26단: (짧은뜨기 7, 안 보이게 코줄이기 1) × 6 [48코]

27단: 짧은뜨기 48 [48코]

28단: 짧은뜨기 3, (안 보이게 코줄이기 1, 짧은뜨기 6) × 5, 안 보이게 코줄이기 1, 짧은뜨기 3 [42코]

29단: 짧은뜨기 42 [42코]

30단: (짧은뜨기 5, 안 보이게 코줄이기 1) × 6 [36코]

31단: 짧은뜨기 36 [36코]

32단: 짧은뜨기 2, (안 보이게 코줄이기 1, 짧은뜨기 4) × 5, 안 보이게 코줄이기 1, 짧은뜨기 2 [30코]

33단: 짧은뜨기 30 [30코]

충전재를 채워넣은 다음, 꼬리실을 길게 남기고 끊는다.

팔(2개) 실: 연베이지색 / 코바늘 1.5mm

1단: 매직링에 짧은뜨기 5 [5코]

2단: 코늘리기 5 [10코]

3단: 짧은뜨기 10 [10코]

4단: 짧은뜨기 4, 다음 코에 한길긴뜨기 5코 버블 스티치 1, 짧은뜨기 5 [10코]

5~31단: 짧은뜨기 10 [10코]

팔의 아랫부분만 충전재를 채워서 바느질 후 팔이 너무 튀어나오지 않도록 한다. 팔을 평평하게 하고 다음 단에서 두 겹을 겹쳐 작업한다.

32단: 짧은뜨기 5 [5코]

꼬리실을 길게 남기고 끊는다. 팔을 몸의 27~28단쯤에 바느질한다.

드레스 실: 보라색 / 코바늘 1.75mm

사슬뜨기 42. 첫 코에 빼뜨기하여 원 모양을 만든다.

1단: 짧은뜨기 42 [42코]

2단: 짧은뜨기 3, (코늘리기 1, 짧은뜨기 6) × 5, 코늘리기 1, 짧은뜨기 3 [48코]

3단: 짧은뜨기 8, 사슬뜨기 11, 건너뛰기 8, 짧은뜨기 16, 사슬뜨기 11, 건너뛰기 8, 짧은뜨기 8 [32코 + 사슬 22코] _(사진 4)

4단: 짧은뜨기 54 [54코]

5단: 짧은뜨기 4, (코늘리기 1, 짧은뜨기 8) × 5, 코늘리기 1, 짧은뜨기 4 [60코]

6단: (짧은뜨기 9, 코늘리기 1) × 6 [66코]

7~11단: 짧은뜨기 66 [66코]

12단: (짧은뜨기 21, 코늘리기 1) × 3 [69코]

13~17단: 짧은뜨기 69 [69코]

18단: (짧은뜨기 22, 코늘리기 1) × 3 [72코]

19~23단: 짧은뜨기 72 [72코]

24단: (짧은뜨기 23, 코늘리기 1) × 3 [75코]

25~29단: 짧은뜨기 75 [75코]

30단: (짧은뜨기 24, 코늘리기 1) × 3 [78코]

31~35단: 짧은뜨기 78 [78코]

36단: 빼뜨기 78 [78코]

실을 끊고 정리한다.

드레스 플래킷(트임) 실: 보라색 / 코바늘 1.75mm

사슬뜨기 19. 기초 사슬코의 양쪽을 따라 뜬다.

1단: 2번째 사슬코에서 시작하여 짧은뜨기 17, 다음 코에 짧은뜨기 5, 기초 사슬코의 반대쪽 고리에 짧은뜨기 17 [39코]

- 꼬리실을 길게 남기고 끊는다. 보라색 실 1가닥을 사용하여 드레스 중앙에 플래킷을 바느질한다._(사진 5-6)
- 3~4개의 작은 단추로 장식하고, 드레스를 입힌다._(사진 7)

머리 실: 연베이지색 / 코바늘 1.5mm

1단: 매직링에 짧은뜨기 6 [6코]

2단: 코늘리기 6 [12코]

3단: (짧은뜨기 1, 코늘리기 1) × 6 [18코]

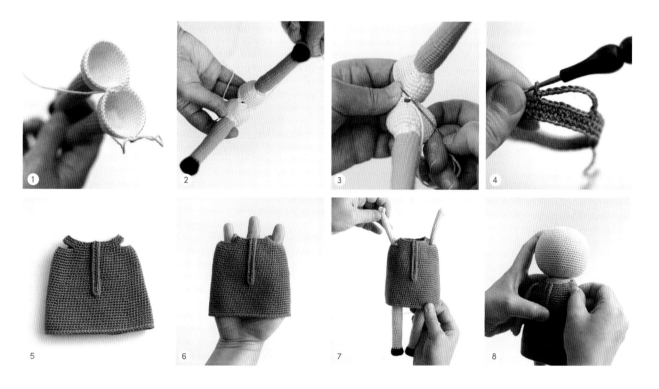

4단: 짧은뜨기 1, (코늘리기 1, 짧은뜨기 2) × 5, 코늘리기 1, 짧은뜨기 1 [24코]

5단: (짧은뜨기 3, 코늘리기 1) × 6 [30코]

6단: 짧은뜨기 2, (코늘리기 1, 짧은뜨기 4) × 5, 코늘리기 1, 짧은뜨기 2 [36코]

7단: (짧은뜨기 5, 코늘리기 1) × 6 [42코]

8단: 짧은뜨기 3, (코늘리기 1, 짧은뜨기 6) × 5, 코늘리기 1, 짧은뜨기 3 [48코]

9단: (짧은뜨기 7, 코늘리기 1) × 6 [54코]

10단: 짧은뜨기 4, (코늘리기 1, 짧은뜨기 8) × 5, 코늘리기 1, 짧은뜨기 4 [60코]

11단: (짧은뜨기 9, 코늘리기 1) × 6 [66코]

12단: 짧은뜨기 5, (코늘리기 1, 짧은뜨기 10) × 5, 코늘리기 1, 짧은뜨기 5 [72코]

13~27단: 짧은뜨기 72 [72코]

28단: 짧은뜨기 5, (안 보이게 코줄이기 1, 짧은뜨기 10) × 5, 안 보이게 코줄이기 1, 짧은뜨기 5 [66코]

29단: (짧은뜨기 9, 안 보이게 코줄이기 1) × 6 [60코]

30단: 짧은뜨기 4, (안 보이게 코줄이기 1, 짧은뜨기 8) × 5, 안 보이게 코줄이기 1, 짧은뜨기 4 [54코]

31단: (짧은뜨기 7, 안 보이게 코줄이기 1) × 6 [48코]
충전재를 계속 채우면서 뜬다.

32단: 짧은뜨기 3, (안 보이게 코줄이기 1, 짧은뜨기 6) × 5, 안 보이게 코줄이기 1, 짧은뜨기 3 [42코]

33단: (짧은뜨기 5, 안 보이게 코줄이기 1) × 6 [36코]

34단: 짧은뜨기 2, (안 보이게 코줄이기 1, 짧은뜨기 4) × 5, 안 보이게 코줄이기 1, 짧은뜨기 2 [30코]

35단: 뒷고리 이랑뜨기로 (짧은뜨기 3, 안 보이게 코줄이기 1) × 6 [24코]

36단: 짧은뜨기 1, (안 보이게 코줄이기 1, 짧은뜨기 2) × 5, 안 보이게 코줄이기 1, 짧은뜨기 1 [18코]
충전재를 단단하게 채운다.

37단: (안 보이게 코줄이기 1, 짧은뜨기 1) × 6 [12코]

38단: 안 보이게 코줄이기 6 [6코]

꼬리실을 남기고 끊는다. 바늘을 사용하여 꼬리실을 앞쪽 사슬코에 엮고 단단히 당겨 정리한다. 머리 34단의 남은 앞쪽 코를 사용하여 머리와 몸을 함께 꿰맨다.(사진 8) 솔기를 닫기 전에 목 부위에 충전재를 단단하게 채운다.(젓가락 사용)

머리카락   실: 진회색 / 코바늘 1.5mm

1단: 매직링에 짧은뜨기 6 [6코]

2단: 코늘리기 6 [12코]

3단: (짧은뜨기 1, 코늘리기 1) × 6 [18코]

4단: 짧은뜨기 1, (코늘리기 1, 짧은뜨기 2) × 5, 코늘리기 1, 짧은뜨기 1 [24코]

5단: (짧은뜨기 3, 코늘리기 1) × 6 [30코]

6단: 짧은뜨기 2, (코늘리기 1, 짧은뜨기 4) × 5, 코늘리기 1, 짧은뜨기

2 [36코]

7단: (짧은뜨기 5, 코늘리기 1) × 6 [42코]

8단: 짧은뜨기 3, (코늘리기 1, 짧은뜨기 6) × 5, 코늘리기 1, 짧은뜨기 3 [48코]

9단: (짧은뜨기 7, 코늘리기 1) × 6 [54코]

10단: 짧은뜨기 4, (코늘리기 1, 짧은뜨기 8) × 5, 코늘리기 1, 짧은뜨기 4 [60코]

11단: (짧은뜨기 9, 코늘리기 1) × 6 [66코]

12단: 짧은뜨기 5, (코늘리기 1, 짧은뜨기 10) × 5, 코늘리기 1, 짧은뜨기 5 [72코]

13단: (짧은뜨기 11, 코늘리기 1) × 6 [78코]

14~18단: 짧은뜨기 78 [78코]

19~24단: 짧은뜨기 33, 긴뜨기 21, 짧은뜨기 1, 빼뜨기 1, 짧은뜨기 1, 긴뜨기 21 [78코]

25단: 짧은뜨기 37, 긴뜨기 17, 짧은뜨기 1, 빼뜨기 1, 짧은뜨기 1, 긴뜨기 17, 짧은뜨기 4 [78코]

26단: 짧은뜨기 41, 긴뜨기 13, 짧은뜨기 1, 빼뜨기 1 [56코]

뜨지 않은 코는 남겨둔다. 꼬리실을 길게 남기고 끊는다.

- 마지막 빼뜨기한 코가 가르마의 시작 부분이 된다.
- 가르마를 머리의 약 45° 각도 위치에 정하고 핀으로 고정한다.
- 꼬리실 끝을 가닥으로 나누고 바늘에 1~2가닥 넣는다.
- 머리 앞쪽 꼭대기의 가르마 부분을 핀으로 표시한다. 머리카락과 머리에 짧은 땀을 떠서 가르마를 고정한다.(22쪽 사진 10 참조)
- 머리카락의 뒤쪽을 머리에 꿰맨다. 머리카락 아래에 충전재를 추가하여 볼륨을 준다. 머리 모양이 사진과 같이 매끄럽고 고르며 모양이 좋은지 확인한다. 원하는 모양이 나오면 실 1~2가닥을 사용하여 머리 앞부분을 꿰매고 실을 끊고 정리한다.

헤어 번(머리 뒤쪽 묶음)   실: 진회색 / 코바늘 1.5mm

1단: 매직링에 짧은뜨기 6 [6코]

2단: 코늘리기 6 [12코]

3단: (짧은뜨기 1, 코늘리기 1) × 6 [18코]

4단: 짧은뜨기 1, (코늘리기 1, 짧은뜨기 2) × 5, 코늘리기 1, 짧은뜨기 1 [24코]

5단: (짧은뜨기 3, 코늘리기 1) × 6 [30코]

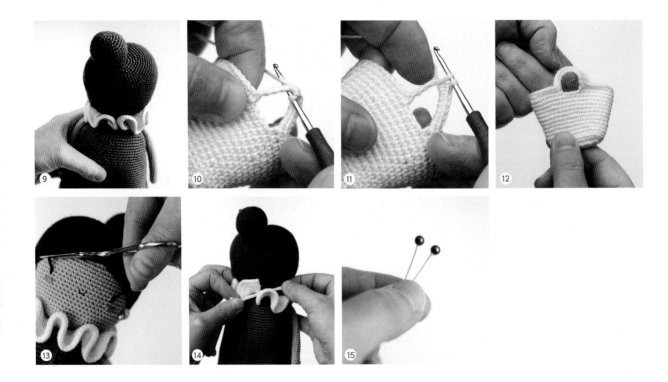

6단: 짧은뜨기 2, (코늘리기 1, 짧은뜨기 4) × 5, 코늘리기 1, 짧은뜨기 2 [36코]

7~11단: 짧은뜨기 36 [36코]

12단: 짧은뜨기 5, (안 보이게 코줄이기 1, 짧은뜨기 10) × 2, 안 보이게 코줄이기 1, 짧은뜨기 5 [33코]

13단: (짧은뜨기 9, 안 보이게 코줄이기 1) × 3 [30코]

14단: 짧은뜨기 4, (안 보이게 코줄이기 1, 짧은뜨기 8) × 2, 안 보이게 코줄이기 1, 짧은뜨기 4 [27코]

15단: (짧은뜨기 7, 안 보이게 코줄이기 1) × 3 [24코]

16단: 짧은뜨기 3, (안 보이게 코줄이기 1, 짧은뜨기 6) × 2, 안 보이게 코줄이기 1, 짧은뜨기 3 [21코]

17단: (짧은뜨기 5, 안 보이게 코줄이기 1) × 3 [18코]

빼뜨기 1. 꼬리실을 길게 남기고 끊는다.

헤어 번에 충전재를 채운 다음, 머리 위에 꿰맨다. 한쪽으로 약간 기울어지게 바느질한다.(사진 9)

귀(2개)   실: 연베이지색 / 코바늘 1.5mm

실을 길게 남기고 시작한다.

1단: 매직링에 짧은뜨기 5 [5코]

매직링을 단단히 조이고, 꼬리실을 길게 남기고 끊는다. 머리 양쪽, 머리카락 가장자리 바로 아래에 귀를 바느질한다.

칼라   실: 흰색 / 코바늘 1.5mm

사슬뜨기 19

1단: 2번째 사슬코에서 시작하여 빼뜨기 18, 사슬뜨기 55, 2번째 사슬코에서 시작하여 빼뜨기 18, 짧은뜨기 36, 사슬뜨기 2, 뒤집기 [72코]

칼라의 중간 부분을 따라 작업한다.

짧은뜨기 36. 양 쪽 끝의 18개 사슬코가 칼라의 끈이 된다.

2단: 한길긴뜨기로 코늘리기 36, 사슬뜨기 2, 뒤집기 [72코]

3단: 한길긴뜨기로 코늘리기 72, 사슬뜨기 2, 뒤집기 [144코]

4단: (한길긴뜨기 1, 한길긴뜨기로 코늘리기 1) × 72, 사슬뜨기 1, 뒤집기 [216코]

5단: 빼뜨기 216 [216코]

실을 끊고 정리한다.

가방 실: 흰색 / 코바늘 1.5mm

사슬뜨기 11. 기초 사슬코의 양쪽을 따라 뜬다.

1단: 2번째 사슬코에서 시작하여 짧은뜨기 9, 다음 코에 짧은뜨기 3, 기초 사슬코의 반대쪽 고리에 짧은뜨기 8, 코늘리기 1 [22코]

2단: 코늘리기 1, 짧은뜨기 8, 코늘리기 3, 짧은뜨기 8, 코늘리기 2 [28코]

3단: 뒷고리 이랑뜨기로 짧은뜨기 28 [28코]

4단: 짧은뜨기 28 [28코]

5단: 짧은뜨기 3, (코늘리기 1, 짧은뜨기 6) × 3, 코늘리기 1, 짧은뜨기 3 [32코]

6~7단: 짧은뜨기 32 [32코]

8단: (짧은뜨기 7, 코늘리기 1) × 4 [36코]

9~10단: 짧은뜨기 36 [36코]

11단: 짧은뜨기 4, (코늘리기 1, 짧은뜨기 8) × 3, 코늘리기 1, 짧은뜨기 4 [40코]

12~13단: 짧은뜨기 40 [40코]

14단: 짧은뜨기 9, 사슬뜨기 10, 건너뛰기 3, 짧은뜨기 17, 사슬뜨기 10, 건너뛰기 3, 짧은뜨기 8 [34코 + 사슬 20코]

> Note: 15단에서 손잡이를 작업할 때는 코에 바늘을 넣지 않고 손잡이 전체를 감싸며 뜬다.

15단: 짧은뜨기 9, 사슬뜨기 10코에 짧은뜨기 14, 짧은뜨기 17, 사슬뜨기 10코에 짧은뜨기 14, 짧은뜨기 7, 빼뜨기 1 [62코] (사진 10-11)

실을 끊고 고정한다.(사진 12)

마무리하기

- 얼굴에 자수를 한다. 마커나 재봉핀을 사용하여 먼저 눈, 입, 뺨의 위치를 표시한다.
- 눈은 진회색이나 검은색 자수실 1~2가닥을 사용한다. 머리의 17단에 눈을 배치하고, 16코 정도 간격을 두고 수놓는다.
- 분홍색 자수실을 사용하여 눈 아래에 뺨을 수놓는다.
- 검은색 자수실로 속눈썹을 수놓는다.(사진 13)
- 연베이지색 실을 사용하여 각 다리의 무릎(드레스 가장자리 아래)에 5~6 땀을 수놓는다.
- 귀에 구슬을 바느질하여 귀걸이를 만든다.
- 칼라를 목에 두르고 뒤에서 매듭을 묶는다.(사진 14)
- 와이어 위에 구슬을 붙여 머리핀을 만들고, 머리에 꽂아 장식한다.
  (사진 15)

롤라

롤라는 호기심이 많고 친절한 소녀입니다.
그녀는 도토리나 밤을 모으고 색칠해서 목걸이
를 만드는 것을 좋아합니다. 또, 친구 사귀기를
좋아하고, 친구를 괴롭히는 걸 가장 싫어하지요.
롤라는 가끔 커피숍에서 아빠를 도와 일하고,
용돈을 받으면 작은 장난감을 사곤 합니다.

난이도
★★

완성 작품 크기
롤라 20.5 cm / 롤라의 작은 친구 6cm

재료 및 도구
- 실
  • 흰색
  • 파란색
  • 연베이지색
  • 진회색
  • 갈색
  • 빨간색(조금)
  • 진분홍색(조금)
- 코바늘 1.5mm, 1.75 mm
- 검정색, 분홍색 자수실
- 자수용 바늘
- 돗바늘
- 핀
- 바지용 작은 단추 4개(2mm)
- 발을 지탱하기 위한 단추 2개(2cm)
- 마커
- 충전재

www.amigurumi.com/3903
사이트에 작품을 올려보세요. 다른 작품을
통해 영감을 얻을 수 있어요.

다리(2개)   실: 진회색, 연베이지색 / 코바늘 1.5mm

1단: 진회색. 매직링에 짧은뜨기 6 [6코]

2단: 코늘리기 6 [12코]

3단: (짧은뜨기 1, 코늘리기 1) × 6 [18코]

4단: 짧은뜨기 1, (코늘리기 1, 짧은뜨기 2) × 5, 코늘리기 1, 짧은뜨기 1 [24코]

5단: 뒷고리 이랑뜨기로 짧은뜨기 24 [24코]

6단: 짧은뜨기 24 [24코]

7단: 짧은뜨기 1, (안 보이게 코줄이기 1, 짧은뜨기 2) × 5, 안 보이게 코줄이기 1, 짧은뜨기 1 [18코]

> Note: 이때 발 안쪽에 평평한 단추를 넣는다. 귀여운 작은 발굽과 같은 모양을 만들려면 밑창을 평평하게 유지하는 것이 중요하다.

8단: (짧은뜨기 1, 안 보이게 코줄이기 1) × 6 [12코]

실 바꾸기: 연베이지색
충전재를 계속 채우면서 뜬다.

9~16단: 짧은뜨기 12 [12코]
첫 번째 다리는 실을 끊고 정리한다.
두 번째 다리에 몸을 이어서 뜬다.

몸   실: 연베이지색, 흰색, 진회색 / 코바늘 1.5mm

두 번째 다리에 연베이지색으로 계속 이어 뜬다.

1단: 사슬뜨기 18. 첫 번째 다리에 짧은뜨기로 연결한다. 이어서 짧은뜨기 11, 사슬코에 짧은뜨기 18, 두 번째 다리에 짧은뜨기 12, 사슬코 반대쪽 고리에 짧은뜨기 18 [60코]

> Note: 1~29단 몸 부분은 점프수트로 덮이기 때문에, 다른 색의 실을 사용해도 괜찮다.

짧은뜨기 6. 여기가(몸의 측면) 다음 단의 시작 지점이 된다. 마커로 표시해 둔다.

> Note: 계산을 잘못해서 한 땀을 놓쳤거나 한 땀이 늘어났다고 당황할 필요 없다. 다음 단에서 코늘리기나 코줄이기를 하여 전체 콧수를 맞추면 된다. 인형이 크기 때문에 티가 나지 않는다.

2단: 짧은뜨기 60 [60코]

3단: (짧은뜨기 9, 코늘리기 1) × 6 [66코]
충전재를 단단하게 채우면서 뜬다.

4~7단: 짧은뜨기 66 [66코]

8단: 짧은뜨기 5, (코늘리기 1, 짧은뜨기 10) × 5, 코늘리기 1, 짧은뜨기 5 [72코]

9~11단: 짧은뜨기 72 [72코]

12단: (짧은뜨기 11, 코늘리기 1) × 6 [78코]

13~22단: 짧은뜨기 78 [78코]

23단: (짧은뜨기 11, 안 보이게 코줄이기 1) × 6 [72코]
충전재를 단단히 채우면서 뜬다.

24~29단: 짧은뜨기 72 [72코]
다음 단의 시작코가 몸의 측면이 되도록 짧은뜨기를 몇 코 더 뜬다.

실 바꾸기: 흰색 실을 사용하여 다음 단을 줄무늬 패턴으로 뜬다. 다음 단부터 진회색 실과 흰색 실을 번갈아가며 뜬다.

30~31단: 흰색. 짧은뜨기 72 [72코]

32단: 진회색. 짧은뜨기 5, (안 보이게 코줄이기 1, 짧은뜨기 10) × 5, 안 보이게 코줄이기 1, 짧은뜨기 5 [66코]

33~36단: 흰색과 진회색. 짧은뜨기 66 [66코]

37단: 흰색. (짧은뜨기 9, 안 보이게 코줄이기 1) × 6 [60코]

38단: 진회색. 짧은뜨기 4, (안 보이게 코줄이기 1, 짧은뜨기 8) × 5, 안 보이게 코줄이기 1, 짧은뜨기 4 [54코]

39단: 흰색. (짧은뜨기 7, 안 보이게 코줄이기 1) × 6 [48코]
진회색 실을 끊고 정리한다. 흰색 실로 계속 뜬다.

40단: 짧은뜨기 3, (안 보이게 코줄이기 1, 짧은뜨기 6) × 5, 안 보이게 코줄이기 1, 짧은뜨기 3 [42코]

실 바꾸기: 연베이지색. 흰색 실은 끊지 않고 그대로 둔다.

41단: 뒷고리 이랑뜨기로 (짧은뜨기 5, 안 보이게 코줄이기 1) × 6 [36코]

42단: 짧은뜨기 2, (안 보이게 코줄이기 1, 짧은뜨기 4) × 5, 안 보이게 코줄이기 1, 짧은뜨기 2 [30코]
꼬리실을 길게 남기고 끊는다.

칼라 실: 흰색 / 코바늘 1.5mm

남겨둔 흰색 실을 잡고 40단의 앞쪽 코 중 흰색 실이 있는 부분에서 시작한다.

1단: 앞고리 이랑뜨기로 짧은뜨기 42 [42코]
빼뜨기 1. 실을 끊고 정리한다. 충전재를 단단히 채운다.(사진 1)

머리 실: 연베이지색 / 코바늘 1.5mm

1단: 매직링에 짧은뜨기 6 [6코]

2단: 코늘리기 6 [12코]

3단: (짧은뜨기 1, 코늘리기 1) × 6 [18코]

4단: 짧은뜨기 1, (코늘리기 1, 짧은뜨기 2) × 5, 코늘리기 1, 짧은뜨기 1 [24코]

5단: (짧은뜨기 3, 코늘리기 1) × 6 [30코]

6단: 짧은뜨기 2, (코늘리기 1, 짧은뜨기 4) × 5, 코늘리기 1, 짧은뜨기 2 [36코]

7단: (짧은뜨기 5, 코늘리기 1) × 6 [42코]

8단: 짧은뜨기 3, (코늘리기 1, 짧은뜨기 6) × 5, 코늘리기 1, 짧은뜨기 3 [48코]

9단: (짧은뜨기 7, 코늘리기 1) × 6 [54코]

10단: 짧은뜨기 4, (코늘리기 1, 짧은뜨기 8) × 5, 코늘리기 1, 짧은뜨기 4 [60코]

11단: (짧은뜨기 9, 코늘리기 1) × 6 [66코]

12~25단: 짧은뜨기 66 [66코]

26단: (짧은뜨기 9, 안 보이게 코줄이기 1) × 6 [60코]

27단: 짧은뜨기 4, (안 보이게 코줄이기 1, 짧은뜨기 8) × 5, 안 보이게 코줄이기 1, 짧은뜨기 4 [54코]

28단: (쌃은뜨기 7, 안 보이게 코줄이기 1) × 6 [48코]
머리 부분에 충전재를 채운다.

29단: 짧은뜨기 3, (안 보이게 코줄이기 1, 짧은뜨기 6) × 5, 안 보이게 코줄이기 1, 짧은뜨기 3 [42코]

30단: (짧은뜨기 5, 안 보이게 코줄이기 1) × 6 [36코]

31단: 짧은뜨기 2, (안 보이게 코줄이기 1, 짧은뜨기 4) × 5, 안 보이게 코줄이기 1, 짧은뜨기 2 [30코]

32단: 뒷고리 이랑뜨기로 (짧은뜨기 3, 안 보이게 코줄이기 1) × 6 [24코]

33단: 짧은뜨기 1, (안 보이게 코줄이기 1, 짧은뜨기 2) × 5, 안 보이게 코줄이기 1, 짧은뜨기 1 [18코]
충전재를 단단하게 채운다.

34단: (안 보이게 코줄이기 1, 짧은뜨기 1) × 6 [12코]

35단: 안 보이게 코줄이기 6 [6코]
꼬리실을 남기고 끊는다. 바늘을 사용하여 꼬리실을 앞쪽 사슬코에 엮고 단단히 당겨 정리한다. 머리 31단의 남은 앞쪽 코를 사용하여 머

리와 몸을 함께 꿰맨다. 솔기를 닫기 전에 목 부위에 충전재를 단단하게 채운다.(젓가락 사용)

점프수트   실: 파란색 / 코바늘 1.75mm

사슬뜨기 66. 첫 코에 빼뜨기하여 원 모양을 만든다.

1단: 짧은뜨기 66 [66코]

> Note: 인형에게 입혀 본다. 완성한 1단의 원 모양이 셔츠 밑단 아래 몸에 잘 맞아야 한다. 너무 꽉 끼면 좀 더 큰 코바늘을, 너무 느슨하면 더 작은 코바늘을 사용하는 것이 좋다.

2~8단: 짧은뜨기 66 [66코](사진 2)

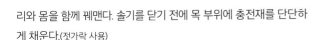

9단: 짧은뜨기 5, (코늘리기 1, 짧은뜨기 10) × 5, 코늘리기 1, 짧은뜨기 5 [72코]

10~19단: 짧은뜨기 72 [72코]

20단: 짧은뜨기 5, (안 보이게 코줄이기 1, 짧은뜨기 10) × 5, 안 보이게 코줄이기 1, 짧은뜨기 5 [66코]

21~26단: 짧은뜨기 66 [66코]

27단: (짧은뜨기 9, 안 보이게 코줄이기 1) × 6 [60코]

28~31단: 짧은뜨기 60 [60코]

32단: (빼뜨기 15, 짧은뜨기 15) × 2 [60코]

꼬리실을 길게 남기고 끊는다. 점프수트를 인형에 입힌다. 32단에는 빼뜨기한 2개의 코가 점프수트 다리의 가장자리를 만들어 주므로 다리와 잘 정렬되어 있는지 확인한다. 다리 사이의 짧은뜨기 15코 부분을 꿰매어 마무리한다.(사진 3)

점프스트랩   실: 파란색 / 코바늘 1.75mm

사슬뜨기 61. 기초 사슬코의 양쪽을 따라 뜬다.

1단: 2번째 사슬코에서 시작하여 짧은뜨기 59, 다음 코에 짧은뜨기 6. 기초 사슬코의 반대쪽 고리에 짧은뜨기 58, 다음 코에 짧은뜨기 5 [128코]

꼬리실을 길게 남기고 끊는다. 스트랩 중앙을 점프수트 뒤쪽 중앙에 꿰맨다.(사진 4) 파란색 실 1~2가닥을 사용하여 스트랩 양쪽 끝을 점프수트 앞쪽 가장자리 아래에 꿰맨다. 스트랩 끝을 작은 단추로 장식한다.

점프수트 주머니   실: 파란색 / 코바늘 1.75mm / 패턴 3 (135쪽)

1단: 매직링에 사슬코 2, 한길긴뜨기 8, 사슬뜨기 2, 뒤집기 [8코]

매직링을 단단히 조인다.

2단: 한길긴뜨기로 코늘리기 8, 사슬뜨기 2, 뒤집기 [16코]

3단: (한길긴뜨기 1, 한길긴뜨기로 코늘리기 1) × 8, 사슬뜨기 2, 뒤집기 [24코]

4단: (한길긴뜨기 2, 한길긴뜨기로 코늘리기 1) × 8 [32코]

선택: 상단을 따라 빼뜨기 13, 4단에 빼뜨기 32 [45코]

꼬리실을 남기고 끊는다. 점프수트 중앙, 상단의 5~7단 사이에 주머니를 바느질한다.(사진 5) 작은 단추 2개로 장식한다.

팔(2개)   실: 연베이지색 / 코바늘 1.5mm

1단: 매직링에 짧은뜨기 5 [5코]

2단: 코늘리기 5 [10코]

3단: 짧은뜨기 10 [10코]

4단: 짧은뜨기 4, 다음 코에 한길긴뜨기 5코 버블 스티치 1, 짧은뜨기

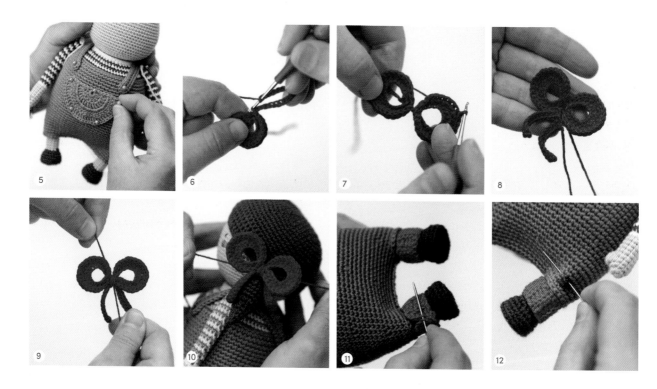

5 [10코]

5~9단: 짧은뜨기 10 [10코]

실 바꾸기: 흰색 실을 사용하여 다음 단을 줄무늬 패턴으로 뜬다. 다음 단부터 진회색 실과 흰색 실을 번갈아가며 뜬다.

> Note: 실 바꾸기가 팔 안쪽에서 이루어졌는지 확인하고, 짧은뜨기를 몇 개 추가하거나 줄여서 이 지점에 오도록 한다.

10~29단: 짧은뜨기 10 [10코]

팔의 아랫부분만 충전재를 채워서 바느질 후 팔이 너무 튀어나오지 않도록 한다. 마지막 코가 엄지 손가락의 반대쪽이 되도록 짧은뜨기를 추가하거나 줄인다. 팔을 평평하게 하고 다음 단에서 두 겹을 겹쳐 작업한다.

30단: 짧은뜨기 5 [5코]

꼬리실을 길게 남기고 끊는다. 팔을 몸 옆 40단에 바느질하여 소매의 줄무늬가 셔츠의 줄무늬와 일치하도록 한다.

머리카락 실: 진회색 / 코바늘 1.5mm

1단: 매직링에 짧은뜨기 6 [6코]

2단: 코늘리기 6 [12코]

3단: (짧은뜨기 1, 코늘리기 1) × 6 [18코]

4단: 짧은뜨기 1, (코늘리기 1, 짧은뜨기 2) × 5, 코늘리기 1, 짧은뜨기 1 [24코]

5단: (짧은뜨기 3, 코늘리기 1) × 6 [30코]

6단: 짧은뜨기 2, (코늘리기 1, 짧은뜨기 4) × 5, 코늘리기 1, 짧은뜨기 2 [36코]

7단: (짧은뜨기 5, 코늘리기 1) × 6 [42코]

8단: 짧은뜨기 3, (코늘리기 1, 짧은뜨기 6) × 5, 코늘리기 1, 짧은뜨기 3 [48코]

9단: (짧은뜨기 7, 코늘리기 1) × 6 [54코]

10단: 짧은뜨기 4, (코늘리기 1, 짧은뜨기 8) × 5, 코늘리기 1, 짧은뜨기 4 [60코]

11단: (짧은뜨기 9, 코늘리기 1) × 6 [66코]

12단: 짧은뜨기 5, (코늘리기 1, 짧은뜨기 10) × 5, 코늘리기 1, 짧은뜨

기 5 [72코]

13~16단: 짧은뜨기 72 [72코]

17~21단: 긴뜨기 17, 짧은뜨기 1, 빼뜨기 1, 짧은뜨기 1, 긴뜨기 17, 짧은뜨기 35 [72코]

22단: 긴뜨기 17, 짧은뜨기 1, 빼뜨기 1, 짧은뜨기 1, 긴뜨기 17, 짧은뜨기 33, 빼뜨기 2 [72코]

꼬리실을 길게 남기고 끊는다.

- 머리카락을 머리의 약 45° 각도 위치로 정하고 핀으로 고정한다.
- 꼬리실 끝을 가닥으로 나누고 바늘에 1~2가닥 넣는다.
- 머리 앞쪽 꼭대기의 가르마 부분을 핀으로 표시한다. 머리카락과 머리에 짧은 스티치 몇 개를 자수하여 가르마를 고정한다.(22쪽 사진 10 참조)
- 머리카락의 뒤쪽을 머리에 꿰맨다. 머리카락 아래에 충전재를 추가하여 볼륨을 준다. 머리 모양이 사진과 같이 매끄럽고 고르며 모양이 좋은지 확인한다. 원하는 모양이 나오면 실 1~2가닥을 사용하여 머리 앞부분을 꿰매고 실을 끊고 정리한다.

피그테일(머리 양쪽 묶음, 2개) 실: 진회색 / 코바늘 1.5mm

1단: 매직링에 짧은뜨기 6 [6코]

2단: (짧은뜨기 1, 코늘리기 1) × 3 [9코]

3단: 짧은뜨기 1, (코늘리기 1, 짧은뜨기 2) × 2, 코늘리기 1, 짧은뜨기 1 [12코]

4단: (짧은뜨기 3, 코늘리기 1) × 3 [15코]

5단: 짧은뜨기 2, (코늘리기 1, 짧은뜨기 4) × 2, 코늘리기 1, 짧은뜨기 2 [18코]

6~8단: 짧은뜨기 18 [18코]

9단: 안 보이게 코줄이기 3, 짧은뜨기 12 [15코]

10단: 안 보이게 코줄이기 3, 짧은뜨기 9 [12코]

충전재를 채운다.

11단: (짧은뜨기 2, 안 보이게 코줄이기 1) × 3 [9코]

12단: 짧은뜨기 9 [9코]

13단: (짧은뜨기 1, 안 보이게 코줄이기 1) × 3 [6코]

꼬리실을 남기고 끊는다. 바늘로 남은 실을 각 앞쪽 사슬코에 넣고 단단히 당겨 고정한다. 머리 양쪽, 머리카락의 가장자리 바로 아래에 꿰맨다.

리본(2개) 실: 빨간색 / 코바늘 1.5mm

실을 길게 남기고 시작한다. 사슬뜨기 18. 첫 코에 빼뜨기하여 원 모양을 만든다.

1단: 빼뜨기 6, 짧은뜨기 6, 빼뜨기 6 [18코]

2단: 짧은뜨기 3, (짧은뜨기 1, 코늘리기 1) × 6, 빼뜨기 3 [24코]

3단: 짧은뜨기 24 [24코]

- 실을 끊지 않고 계속 뜬다. 사슬뜨기 18. 첫 코에 첫 코에 빼뜨기하여 원 모양을 만든다. 1~3단을 반복하여 뜬다.(사진 6-7)
- 실을 끊지 않고 계속 뜬다. (사슬뜨기 13, 2번째 사슬코에서 시작하여 짧은뜨기 11, 빼뜨기 1) × 2(사진 8)
- 꼬리실을 길게 남기고 끊는다. 실을 두 개의 원 중앙에 몇 번 감고 매듭을 묶는다.(사진 9)
- 남은 실을 사용하여 리본을 룰라의 피그테일 위쪽에 묶고, 실을 끊어 정리한다.(사진 10)

귀(2개) 실: 연베이지색 / 코바늘 1.5mm

실을 길게 남기고 시작한다.
1단: 매직링에 짧은뜨기 5 [5코]
매직링을 단단히 조이고, 꼬리실을 길게 남기고 끊는다. 머리 양쪽, 머리카락 가장자리 바로 아래에 귀를 바느질한다.

다리 워머(2개) 실: 진분홍색 / 코바늘 1.5mm

사슬뜨기 6
1단: 2번째 사슬코에서 시작하여 긴뜨기 5, 사슬뜨기 1, 뒤집기 [5코]
2~11단: 긴뜨기 1, 뒷고리 이랑뜨기로 긴뜨기 3, 긴뜨기 1, 사슬뜨기 1, 뒤집기 [5코]
12단: 긴뜨기 1, 뒷고리 이랑뜨기로 긴뜨기 3, 긴뜨기 1 [5코]

> Note: 워머를 다리에 입혀본다. 워머를 얼마나 촘촘하게 뜨느냐에 따라 단을 더 뜨거나 덜 뜰 수도 있다. 다리의 연베이지색이 보이지 않는 높이로 완성한다.

꼬리실을 길게 남기고 끊는다. 워머를 입히고, 다리 측면에 바느질하여 고정한다.(사진 11)

마무리하기

- 얼굴에 자수를 한다. 마커나 재봉핀을 사용하여 먼저 눈, 입, 뺨의 위치를 표시한다.
- 눈은 진회색이나 검은색 자수실 1~2가닥을 사용한다. 머리의 16단에 눈을 배치하고, 17~18코 정도 간격을 두고 수놓는다.
- 분홍색 자수실을 사용하여 눈 아래에 뺨을 수놓는다.
- 진회색 실로 점프수트의 아래쪽에 패치워크를 수놓는다.

테디베어

다리(2개) 실: 갈색 / 코바늘 1.5mm

1단: 매직링에 짧은뜨기 6 [6코]
2~6단: 짧은뜨기 6 [6코]
첫 번째 다리는 실을 길게 남기고 끊는다. 두 번째 다리는 실을 끊지 않고 몸을 이어서 뜬다.

몸 & 머리 실: 갈색 / 코바늘 1.5mm

1단: 사슬뜨기 3, 첫 번째 다리에 짧은뜨기로 연결한다. 짧은뜨기 5, 사슬코에 짧은뜨기 3, 두 번째 다리에 짧은뜨기 6, 기초 사슬코 반대쪽 고리에 짧은뜨기 3 [18코]
다음 단의 시작코가 몸의 측면에 오도록 짧은뜨기를 3코 더 뜬다.
2단: 짧은뜨기 18 [18코]
3단: 짧은뜨기 1, (코늘리기 1, 짧은뜨기 2) × 5, 코늘리기 1, 짧은뜨기 1 [24코]
4~8단: 짧은뜨기 24 [24코]
9단: (짧은뜨기 2, 안 보이게 코줄이기 1) × 6 [18코]
10단: (짧은뜨기 1, 안 보이게 코줄이기 1) × 6 [12코]
11단: 짧은뜨기 12 [12코]
충전재를 단단히 채운다.
12단: 코늘리기 12 [24코]
13~15단: 짧은뜨기 24 [24코]
16단: (짧은뜨기 2, 안 보이게 코줄이기 1) × 6 [18코]
17단: (짧은뜨기 1, 안 보이게 코줄이기 1) × 6 [12코]
몸과 머리에 충전재를 단단히 채운다.
18단: 안 보이게 코줄이기 6 [6코]
꼬리실을 남기고 끊는다. 바늘로 남은 실을 각 앞쪽 사슬코에 넣고 단단히 당겨 고정한나.

팔(2개) 실: 갈색 / 코바늘 1.5mm

1단: 매직링에 짧은뜨기 6 [6코]
2~9단: 짧은뜨기 6 [6코]
꼬리실을 길게 남기고 끊는다. 팔을 몸에 바느질하여 고정한다.

귀(2개) 실: 갈색 / 코바늘 1.5mm

1단: 매직링에 짧은뜨기 6 [6코]
2~4단: 짧은뜨기 6 [6코]
꼬리실을 길게 남기고 끊는다. 머리 위쪽, 13~15단 사이에 바느질하여 고정한다.

주둥이 실: 갈색, 진회색 / 코바늘 1.5mm

1단: 매직링에 짧은뜨기 6 [6코]

2단: (짧은뜨기 1, 코늘리기 1) × 3 [9코]

3단: 짧은뜨기 9 [9코]

꼬리실을 길게 남기고 끊는다. 주둥이를 얼굴 중앙에 바느질한다.
진회색 실을 사용하여 테디의 코와 눈을 수놓는다.

리본 실: 빨간색 / 코바늘 1.5mm

실을 길게 남기고 시작한다.

1단: (사슬뜨기 12, 첫 코에 빼뜨기하여 원 만들기, 짧은뜨기 12) × 2,
(사슬뜨기 6, 2번째 사슬코에서 시작하여 짧은뜨기 5, 빼뜨기 1) × 2

- 꼬리실을 길게 남기고 끊는다. 실을 두 개의 원 중앙에 몇 번 감고
  매듭을 묶는다.
- 남은 실을 사용하여 리본을 테디베어의 목에 묶고, 실을 끊어 정리
  한다.

보

보는 룰라의 남동생이에요. 나초칩 모양의
장난감과 지렁이를 좋아해요. 가끔 쪽쪽이를
아빠의 프라푸치노에 몰래 담그는 것도
좋아하지요. 보는 누나와 친구들을 따라다니고
싶어 하지만, 아직은 어려서 그들의 모험에
함께 하지는 못한답니다.

....

난이도
★★

완성 작품 크기
16.5 cm

재료 및 도구
- 실
  • 빨간색
  • 검은색
  • 연베이지색
  • 진회색
  • 진노란색(조금)
  • 흰색(조금)
- 코바늘 1.5mm
- 검정색, 분홍색 자수실
- 자수용 바늘
- 돗바늘
- 핀
- 장난감 바퀴용 단추 4개(1cm)
- 발을 지탱하기 위한 단추 2개(2cm)
- 와이어(10cm)
- 마커
- 충전재

www.amigurumi.com/3904
사이트에 작품을 올려보세요. 다른 작품을
통해 영감을 얻을 수 있어요.

몸 실: 빨간색, 검은색 / 코바늘 1.5mm

1단: 빨간색. 매직링에 짧은뜨기 6 [6코]

2단: 코늘리기 6 [12코]

3단: (짧은뜨기 1, 코늘리기 1) × 6 [18코]

4단: 짧은뜨기 1, (코늘리기 1, 짧은뜨기 2) × 5, 코늘리기 1, 짧은뜨기 1 [24코]

5단: (짧은뜨기 3, 코늘리기 1) × 6 [30코]

6단: 짧은뜨기 2, (코늘리기 1, 짧은뜨기 4) × 5, 코늘리기 1, 짧은뜨기 2 [36코]

7단: (짧은뜨기 5, 코늘리기 1) × 6 [42코]

8단: 짧은뜨기 3, (코늘리기 1, 짧은뜨기 6) × 5, 코늘리기 1, 짧은뜨기 3 [48코]

9단: (짧은뜨기 7, 코늘리기 1) × 6 [54코]

10단: 짧은뜨기 4, (코늘리기 1, 짧은뜨기 8) × 5, 코늘리기 1, 짧은뜨기 4 [60코]

11~16단: 짧은뜨기 60 [60코]

17단: (짧은뜨기 3, 안 보이게 코줄이기 1) × 12 [48코]

실 바꾸기: 검은색

18단: 뒷고리 이랑뜨기로 짧은뜨기 48 [48코]

19단: 스파이크 스티치 48 [48코]

20단: 뒷고리 이랑뜨기로 (짧은뜨기 3, 코늘리기 1) × 12 [60코]

21~22단: 짧은뜨기 60 [60코]

23단: 짧은뜨기 4, (안 보이게 코줄이기 1, 짧은뜨기 8) × 5, 안 보이게 코줄이기 1, 짧은뜨기 4 [54코]

24~26단: 짧은뜨기 54 [54코]

27단: (짧은뜨기 7, 안 보이게 코줄이기 1) × 6 [48코]

28~30단: 짧은뜨기 48 [48코]

31단: 짧은뜨기 3, (안 보이게 코줄이기 1, 짧은뜨기 6) × 5, 안 보이게 코줄이기 1, 짧은뜨기 3 [42코]

32단: 짧은뜨기 42 [42코]

33단: (짧은뜨기 5, 안 보이게 코줄이기 1) × 6 [36코]

34단: 짧은뜨기 2, (안 보이게 코줄이기 1, 짧은뜨기 4) × 5, 안 보이게 코줄이기 1, 짧은뜨기 2 [30코]

꼬리실을 길게 남기고 끊는다. 충전재를 단단
히 채운다.

머리   실: 연베이지색 / 코바늘 1.5mm

1단: 매직링에 짧은뜨기 6 [6코]

2단: 코늘리기 6 [12코]

3단: (짧은뜨기 1, 코늘리기 1) × 6 [18코]

4단: 짧은뜨기 1, (코늘리기 1, 짧은뜨기 2) × 5, 코늘리기 1, 짧은뜨기 1 [24코]

5단: (짧은뜨기 3, 코늘리기 1) × 6 [30코]

6단: 짧은뜨기 2, (코늘리기 1, 짧은뜨기 4) × 5, 코늘리기 1, 짧은뜨기 2 [36코]

7단: (짧은뜨기 5, 코늘리기 1) × 6 [42코]

8단: 짧은뜨기 3, (코늘리기 1, 짧은뜨기 6) × 5, 코늘리기 1, 짧은뜨기 3 [48코]

9단: (짧은뜨기 7, 코늘리기 1) × 6 [54코]

10단: 짧은뜨기 4, (코늘리기 1, 짧은뜨기 8) × 5, 코늘리기 1, 짧은뜨기 4 [60코]

11~25단: 짧은뜨기 60 [60코]

26단: 짧은뜨기 4, (안 보이게 코줄이기 1, 짧은뜨기 8) × 5, 안 보이게 코줄이기 1, 짧은뜨기 4 [54코]

27단: (짧은뜨기 7, 안 보이게 코줄이기 1) × 6 [48코]

충전재를 단단히 채운다.

28단: 짧은뜨기 3, (안 보이게 코줄이기 1, 짧은뜨기 6) × 5, 안 보이게 코줄이기 1, 짧은뜨기 3 [42코]

29단: (짧은뜨기 5, 안 보이게 코줄이기 1) × 6 [36코]

30단: 짧은뜨기 2, (안 보이게 코줄이기 1, 짧은뜨기 4) × 5, 안 보이게 코줄이기 1, 짧은뜨기 2 [30코]

31단: 뒷고리 이랑뜨기로 (짧은뜨기 3, 안 보이게 코줄이기 1) × 6 [24코]

32단: 짧은뜨기 1, (안 보이게 코줄이기 1, 짧은뜨기 2) × 5, 안 보이게 코줄이기 1, 짧은뜨기 1 [18코]

충전재를 단단히 채운다.

33단: (안 보이게 코줄이기 1, 짧은뜨기 1) × 6 [12코]

34단: 안 보이게 코줄이기 6 [6코]

꼬리실을 남기고 끊는다. 바늘을 사용하여 꼬리실을 앞쪽 사슬코에 엮고 단단히 당겨 정리한다. 머리 30단의 남은 앞쪽 코를 사용하여 머리와 몸을 함께 꿰맨다. 솔기를 닫기 전에 목 부위에 충전재를 단단하게 채운다.(젓가락 사용)

다리(2개)   실: 진노란색, 빨간색 / 코바늘 1.5mm

1단: 진노란색. 매직링에 짧은뜨기 6 [6코]

2단: 코늘리기 6 [12코]

3단: 뒷고리 이랑뜨기로 짧은뜨기 12 [12코]

4단: 짧은뜨기 12 [12코]

Note: 이때 발 안쪽에 평평한 단추를 넣는다. 귀여운 작은 발굽과 같은 모양을 만들려면 밑창을 평평하게 유지하는 것이 중요하다.

5단: (안 보이게 코줄이기 1, 짧은뜨기 2) × 3 [9코]

6~9단: 짧은뜨기 9 [9코]

실 바꾸기: 빨간색. 충전재를 계속 채우면서 뜬다.

10단: 짧은뜨기 9 [9코]

11단: 코늘리기 9 [18코]

꼬리실을 길게 남기고 끊는다. 다리를 몸의 4~8단 사이에 바느질하여 고정한다.(사진 1)

팔(2개)   실: 연베이지색, 검은색 / 코바늘 1.5mm

1단: 연베이지색. 매직링에 짧은뜨기 6 [6코]

2~5단: 짧은뜨기 6 [6코]

실 바꾸기: 검은색

Note: 팔 안쪽에서 실을 바꾼다. 짧은뜨기를 몇 개 추가하거나 줄여서 이 지점에 오도록 한다.

6단: 짧은뜨기 6 [6코]

7단: 앞고리 이랑뜨기로 코늘리기 6 [12코]

8~20단: 짧은뜨기 12 [12코]

팔의 아랫부분만 충전재를 채워서 바느질 후 팔이 너무 튀어나오지 않도록 한다. 팔을 평평하게 하고 다음 단에서 두 겹을 겹쳐 작업한다.

21단: 짧은뜨기 6 [6코]

꼬리실을 길게 남기고 끊는다. 팔을 몸 옆 32단에 바느질하여 고정한다.

머리카락   실: 진회색 / 코바늘 1.5mm / 패턴 8(135쪽)

보의 머리카락은 비니처럼 생겼는데, 앞부분이 뒷부분보다 짧고 앞부분에 머리카락 가닥이 보이는 형태이다.

Note: 느슨하게 뜨개질하거나 코바늘 크기를 좀 더 큰 것으로 뜬다.

실을 길게 남기고 시작한다. 사슬뜨기 21

1단: 2번째 코에서 시작하여 사슬뜨기 1, 빼뜨기 4, 짧은뜨기 4, 긴뜨

기 12, 사슬뜨기 1, 뒤집기 [20코]

2단: 긴뜨기 1, 뒷고리 이랑뜨기로 긴뜨기 11, 뒷고리 이랑뜨기로 짧은뜨기 4, 뒷고리 이랑뜨기로 빼뜨기 3, 빼뜨기 1, 사슬뜨기 1, 뒤집기 [20코]

3단: 빼뜨기 1, 뒷고리 이랑뜨기로 빼뜨기 3, 뒷고리 이랑뜨기로 짧은뜨기 4, 뒷고리 이랑뜨기로 긴뜨기 11, 긴뜨기 1, 사슬뜨기 1, 뒤집기 [20코]

4~8단: 2~3단과 같은 방법으로 번갈아 뜬다. [20코]

9단: 빼뜨기 1, 뒷고리 이랑뜨기로 빼뜨기 3, 뒷고리 이랑뜨기로 짧은뜨기 4, 뒷고리 이랑뜨기로 긴뜨기 5, 긴뜨기 1, 사슬뜨기 1, 뒤집기 [14코]

9단의 14코만 계속 이어서 뜬다.

10단: 긴뜨기 1, 뒷고리 이랑뜨기로 긴뜨기 5, 뒷고리 이랑뜨기로 짧은뜨기 4, 뒷고리 이랑뜨기로 빼뜨기 3, 빼뜨기 1, 사슬뜨기 1, 뒤집기 [14코]

11~12단: 9~10단과 같은 방법으로 뜬다. [14코]

13단: 빼뜨기 1, 뒷고리 이랑뜨기로 빼뜨기 3, 뒷고리 이랑뜨기로 짧은뜨기 4, 뒷고리 이랑뜨기로 긴뜨기 2, 빼뜨기 1, 사슬뜨기 4, 뒤집기 [11코 + 사슬 4코]

14단: 2번째 코에서 시작하여 긴뜨기 3, 뒷고리 이랑뜨기로 긴뜨기 3, 뒷고리 이랑뜨기로 짧은뜨기 4, 뒷고리 이랑뜨기로 빼뜨기 3, 빼뜨기 1, 사슬뜨기 1, 뒤집기 [14코]

15~18단: 13~14단과 같은 방법으로 번갈아 뜬다. [14코]

19단: 빼뜨기 1, 뒷고리 이랑뜨기로 빼뜨기 3, 뒷고리 이랑뜨기로 짧은뜨기 4, 뒷고리 이랑뜨기로 긴뜨기 5, 긴뜨기 1, 사슬뜨기 1, 뒤집기 [14코]

20단: 긴뜨기 1, 뒷고리 이랑뜨기로 긴뜨기 5, 뒷고리 이랑뜨기로 짧은뜨기 4, 뒷고리 이랑뜨기로 빼뜨기 3, 빼뜨기 1, 사슬뜨기 1, 뒤집기 [14코]

21~26단: 19~20단과 같은 방법으로 번갈아 뜬다. [14코]

27단: 빼뜨기 1, 뒷고리 이랑뜨기로 빼뜨기 3, 뒷고리 이랑뜨기로 짧은뜨기 4, 뒷고리 이랑뜨기로 긴뜨기 5, 긴뜨기 1, 사슬뜨기 7, 뒤집기 [14코 + 사슬 7코]

28단: 2번째 코에서 시작하여 긴뜨기 6, 긴뜨기 1, 뒷고리 이랑뜨기로 긴뜨기 5, 뒷고리 이랑뜨기로 짧은뜨기 4, 뒷고리 이랑뜨기로 빼뜨기 3, 빼뜨기 1, 사슬뜨기 1, 뒤집기 [20코]

29단: 빼뜨기 1, 뒷고리 이랑뜨기로 빼뜨기 3, 뒷고리 이랑뜨기로 짧은뜨기 4, 뒷고리 이랑뜨기로 긴뜨기 11, 긴뜨기 1, 사슬뜨기 1, 뒤집기 [20코]

30단: 긴뜨기 1, 뒷고리 이랑뜨기로 긴뜨기 11, 뒷고리 이랑뜨기로 짧은뜨기 4, 뒷고리 이랑뜨기로 빼뜨기 3, 빼뜨기 1, 사슬뜨기 1, 뒤집기 [20코]

31~38단: 29~30단과 같은 방법으로 번갈아 뜬다. [20코]

실을 끊지 않고 머리카락 정수리 부분을 계속 이어서 뜬다.

1단: 38단의 끝과 1단의 시작을 빼뜨기로 연결한다.(사진 2-3) 생긴 원의 모든 코에 짧은뜨기한다.[21코](사진 4)

> Note: 만약 여기서 코가 더 많거나 적다면 안 보이게 코줄이기나 건너뛰기로 콧수를 맞춘다. 깔끔해 보이기만 하면 된다.

2단: (안 보이게 코줄이기 1, 짧은뜨기 1) × 7 [14코]

3단: 안 보이게 코줄이기 7 [7코]

꼬리실을 길게 남기고 끊는다. 바늘을 사용하여 꼬리실을 앞쪽 사슬코에 엮고 단단히 당겨 정리한다. 실을 끊지 말고 머리카락 뭉치를 계속 만든다.

머리카락 뭉치: 사슬뜨기 7, 2번째 코에서 시작하여 빼뜨기 6, 사슬뜨기 5, 2번째 코에서 시작하여 빼뜨기 4

- 실을 끊고 정리한다. 시작할 때 남긴 실 끝을 사용하여 머리카락의 38단과 1단을 함께 꿰맨다.

- 짧은 머리가 앞쪽에 오도록 자리를 잡고, 머리카락을 매끈하게 다듬어 머리를 잘 감싸도록 한다. 이 위치에 핀으로 고정한다.
- 남은 실로 머리카락을 머리에 꿰맨다.(사진 5)

칼라 실: 흰색 / 코바늘 1.5mm / 패턴 7 (135쪽)

사슬뜨기 5

1단: 2번째 사슬코에서 시작하여 짧은뜨기 4, 사슬뜨기 10, 2번째 사슬코에서 시작하여 짧은뜨기 4, 사슬뜨기 2, 뒤집기 [8코]

2단: 짧은뜨기 코에 사슬 2(기둥코), 한길긴뜨기 2, 다음 코에 한길긴뜨기 6, 한길긴뜨기 3, 건너뛰기 2, 빼뜨기 1, 건너뛰기 2, 한길긴뜨기 3, 다음 코에 한길긴뜨기 6, 한길긴뜨기 3 [25코]

다음 단에서 넥타이를 만든다.

3단: 사슬뜨기 25, 2번째 코에서 시작하여 사슬뜨기 1, 빼뜨기 24, 상단을 따라 짧은뜨기 11, 사슬뜨기 25, 2번째 코에서 시작하여 사슬뜨기 1, 빼뜨기 24.

실을 끊고 정리한다.

쪽쪽이 실: 진노란색 / 코바늘 1.5mm

1단: 매직링에 짧은뜨기 8 [8코]

2단: 코늘리기 8 [16코]

3단: 빼뜨기 16 [16코]

실을 끊고 정리한다.

- 쪽쪽이 크기에 맞는 와이어로 고리를 만든다. 와이어를 둥근 물체에 감아서 만들 수 있다.(사진 6)
- 와이어 전체에 짧은뜨기를 한다.(사진 7) 꼬리실을 길게 남기고 끊는다. 만들어 둔 쪽쪽이에 고리를 꿰맨다.

귀(2개) 실: 연베이지색 / 코바늘 1.5mm

실을 길게 남기고 시작한다.

1단: 매직링에 짧은뜨기 5 [5코]

꼬리실을 길게 남기고 끊는다. 귀를 머리 양쪽, 앞머리 라인의 바로 아래에 바느질하여 고정한다.

바퀴 달린 나초칩 장난감 실: 진노란색 / 코바늘 1.5mm

1단: 매직링에 짧은뜨기 6 [6코]

2단: (짧은뜨기 1, 코늘리기 1) × 3 [9코]

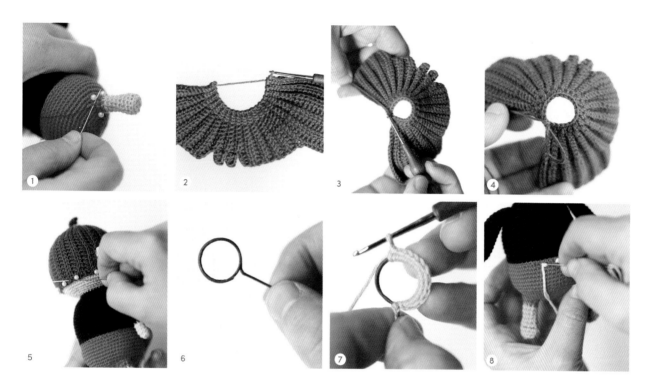

3단: (짧은뜨기 2, 코늘리기 1) × 3 [12코]

4단: (짧은뜨기 5, 코늘리기 1) × 2 [14코]

5단: (짧은뜨기 6, 코늘리기 1) × 2 [16코]

6단: (짧은뜨기 7, 코늘리기 1) × 2 [18코]

7단: (짧은뜨기 8, 코늘리기 1) × 2 [20코]

8단: (짧은뜨기 9, 코늘리기 1) × 2 [22코]

9단: (짧은뜨기 10, 코늘리기 1) × 2 [24코]

- 꼬리실을 길게 남기고 끊는다. 장난감에 가볍게 속을 채우고, 바닥 부분을 평평하게 펴고 틈새를 꿰매어 닫는다. 실을 끊고 정리한다.
- 장난감의 밑면에 바퀴처럼 2개의 단추를 꿰맨다. 검은색과 빨간색 자수실로 장난감에 재미있는 얼굴 표정을 수놓는다.

마무리하기

- 흰색 실로 보의 몸 아랫부분 전체에 무작위로 프렌치 매듭을 수놓는다. 또는 작은 흰색 단추나 흰색 구슬을 사용하여 물방울 무늬를 만들 수도 있다.(사진 8)
- 얼굴에 자수를 한다. 마커나 재봉핀을 사용하여 먼저 눈, 코, 뺨의 위치를 표시한다.
- 눈은 진회색이나 검은색 자수실 1~2가닥을 사용한다. 앞머리 바로 아래쪽에 16~18코 정도 간격을 두고 수놓는다.
- 분홍색 자수실로 눈 사이에 코를, 눈 아래에 뺨을 수놓는다.
- 쪽쪽이를 얼굴 중앙에 바느질로 고정한다. 글루건으로 붙여도 좋다.
- 칼라를 보의 목에 두르고 뒤쪽에서 끈을 묶는다.
- 빨간색 실을 사용하여 장난감을 끌 수 있는 끈을 만든다. 바늘로 실을 보의 손에 통과시킨다.
- 실 끝을 두 번 매듭지어 보가 장난감을 잃어버리지 않도록 한다.

그랜파

그랜파는 룰라와 보의 할아버지예요. 은퇴한 이후 끝없는 휴가를 즐기고 있습니다. 그는 항상 해변에 있는 것처럼 옷을 입습니다. 그의 괴짜 셔츠가 주변 사람들을 늘 기분 좋게 만들어 주어 모두가 그의 패션을 사랑한답니다.

난이도
★★

완성 작품 크기
22.5 cm

재료 및 도구
- 실
  • 연베이지색
  • 빨간색
  • 흰색
  • 분홍색
  • 파란색
  • 진분홍색
  • 녹색, 갈색, 진노란색, 진회색(조금)
- 코바늘 1.5mm, 1.75mm
- 초록색, 갈색, 빨간색, 검은색, 흰색, 분홍색 자수실
- 자수용 바늘
- 돗바늘
- 핀
- 수영복과 셔츠용 작은 단추 또는 구슬 6개(2mm)
- 안경용 빨간색 와이어(20cm)
- 라디오 안테나용 와이어 또는 클립
- 라디오용 플라스틱 또는 판지 조각
- 마커
- 충전재

다리(2개) 실: 진노란색, 진회색, 흰색, 연베이지색, 파란색 / 코바늘 1.5mm

진노란색. 사슬뜨기 7. 기초 사슬코의 양쪽을 따라 뜬다.

1단: 2번째 사슬코에서 시작하여 짧은뜨기 5, 다음 코에 짧은뜨기 4, 기초 사슬코의 반대쪽 고리에 짧은뜨기 4, 다음 코에 짧은뜨기 3 [16코]

2단: 코늘리기 1, 짧은뜨기 4, 코늘리기 4, 짧은뜨기 4, 코늘리기 3 [24코]

3단: 뒷고리 이랑뜨기로 짧은뜨기 24 [24코]

4단: 스파이크 스티치 24 [24코]

실 바꾸기: 진회색

5단: 뒷고리 이랑뜨기로 빼뜨기 24 [24코] (사진 1)

6단: 뒷고리 이랑뜨기로 작업한다. 짧은뜨기 6, 안 보이게 코줄이기 6, 짧은뜨기 6 [18코]

7단: 짧은뜨기 6, 안 보이게 코줄이기 3, 짧은뜨기 6 [15코] (사진 2)

실 바꾸기: 흰색

8~9단: 짧은뜨기 15 [15코]

실 바꾸기: 진회색

10단: 짧은뜨기 15 [15코]

실 바꾸기: 흰색

11~12단: 짧은뜨기 15 [15코]

실 바꾸기: 진회색. 충전재를 계속 채우면서 뜬다.

13단: 짧은뜨기 15 [15코]

실 바꾸기: 흰색

14단: 짧은뜨기 15 [15코]

15단: 뒷고리 이랑뜨기로 짧은뜨기 15 [15코]

16단: 스파이크 스티치 15 [15코]

실 바꾸기: 연베이지색

17단: 뒷고리 이랑뜨기로 짧은뜨기 15 [15코]

18~39단: 짧은뜨기 15 [15코]

실 바꾸기: 흰색

40단: 뒷고리 이랑뜨기로 짧은뜨기 15 [15코]

41단: 스파이크 스티치 15 [15코]

실 바꾸기: 파란색

42단: 뒷고리 이랑뜨기로 짧은뜨기 15 [15코]

43단: 짧은뜨기 15 [15코]

첫 번째 다리는 실을 끊고 정리한다.

두 번째 다리에 몸을 이어서 뜬다.

실 바꾸기: 흰색

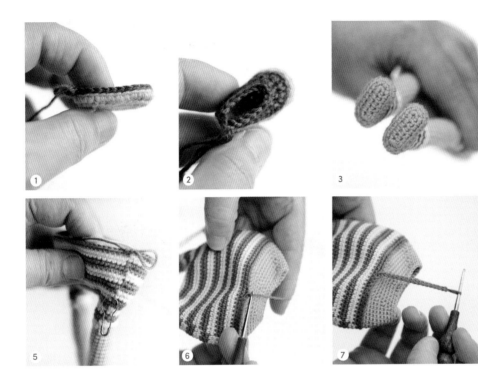

44단: 두 번째 다리에 짧은뜨기 6 [6코]

> Note: 마지막 코가 다리 옆에 있는지 확인하고, 만약 아니라면 짧은 뜨기를 몇 개 추가하거나 줄여서 이 지점에 오도록 한다.

뜨지 않은 코는 남겨둔다. 다리가 충전재로 단단히 채워졌는지 확인한다.(사진 3)

몸 실: 흰색, 파란색 / 코바늘 1.5mm

1단: 흰색. 사슬뜨기 9. 첫 번째 다리에 짧은뜨기로 연결한다. 발이 앞을 향하고 있는지 확인한다. 첫 번째 다리에 짧은뜨기 14, 사슬 코에 짧은뜨기 9, 두 번째 다리에 짧은뜨기 9(1~2개의 코를 추가하거나 줄여야 하는 경우 마지막에 고려해야 한다.) [48코]

> Note: 계산을 잘못해서 한 땀을 놓쳤거나 한 땀이 늘어났다고 당황할 필요 없다. 다음 단에서 코늘리기나 코줄이기를 하여 전체 콧수를 맞추면 된다. 인형이 크기 때문에 티가 나지 않는다.

2단: (짧은뜨기 7, 코늘리기 1) × 6 [54코]

실 바꾸기: 파란색

3단: 짧은뜨기 4, (코늘리기 1, 짧은뜨기 8) × 5, 코늘리기 1, 짧은뜨기 4 [60코]

4단: (짧은뜨기 9, 코늘리기 1) × 6 [66코]

실 바꾸기: 흰색 실을 사용하여 다음 단을 줄무늬 패턴으로 뜬다. 다음 단부터 흰색 실과 파란색 실을 번갈아가며 뜬다.(사진 4-5)

5~22단: 짧은뜨기 66 [66코]

23단: 파란색으로 계속 뜬다. 짧은뜨기 66 [66코]

24단: 짧은뜨기 10, (안 보이게 코줄이기 1, 짧은뜨기 20) × 2, 안 보이게 코줄이기 1, 짧은뜨기 10 [63코]

실 바꾸기: 연베이지색. 파란색 실은 끊지 않고 그대로 둔다.

25단: 뒷고리 이랑뜨기로 (짧은뜨기 19, 안 보이게 코줄이기 1) × 3 [60코]

26단: 짧은뜨기 9, (안 보이게 코줄이기 1, 짧은뜨기 18) × 2, 안 보이게 코줄이기 1, 짧은뜨기 9 [57코]

27단: (짧은뜨기 17, 안 보이게 코줄이기 1) × 3 [54코]

28단: 짧은뜨기 8, (안 보이게 코줄이기 1, 짧은뜨기 16) × 2, 안 보이게 코줄이기 1, 짧은뜨기 8 [51코]

29단: (짧은뜨기 15, 안 보이게 코줄이기 1) × 3 [48코]

30단: 짧은뜨기 7, (안 보이게 코줄이기 1, 짧은뜨기 14) × 2, 안 보이게 코줄이기 1, 짧은뜨기 7 [45코]

31단: (짧은뜨기 13, 안 보이게 코줄이기 1) × 3 [42코]

32단: 짧은뜨기 6, (안 보이게 코줄이기 1, 짧은뜨기 12) × 2, 안 보이게 코줄이기 1, 짧은뜨기 6 [39코]

33단: (짧은뜨기 11, 안 보이게 코줄이기 1) × 3 [36코]

꼬리실을 길게 남기고 끊는다.

수영복 스트랩 실: 파란색 / 코바늘 1.5mm

다리 부분을 잡고 파란색 실로 뜬다. 24단의 뜨지 않은 코의 앞고리에서 시작한다.

1단: 앞고리 이랑뜨기로 빼뜨기 16(마지막 코가 뒤쪽 중앙에 오도록 한다. 빼뜨기 수를 늘리거나 줄여서 위치를 맞춘다.)(사진 6), 사슬뜨기 29(사진 7), 2번째 코에서 시작하여 빼뜨기 24, 사슬뜨기 25, 2번째 코에서 시작하여 빼뜨기 24(사진 8), 짧은뜨기 4, 앞고리 이랑뜨기로 빼뜨기 47

실을 끊고 정리한다. 충전재를 단단히 채운다.

머리 실: 연베이지색 / 코바늘 1.5mm

1단: 매직링에 짧은뜨기 6 [6코]

2단: 코늘리기 6 [12코]

3단: (짧은뜨기 1, 코늘리기 1) × 6 [18코]

4단: 짧은뜨기 1, (코늘리기 1, 짧은뜨기 2) × 5, 코늘리기 1, 짧은뜨기 1 [24코]

5단: (짧은뜨기 3, 코늘리기 1) × 6 [30코]

6단: 짧은뜨기 2, (코늘리기 1, 짧은뜨기 4) × 5, 코늘리기 1, 짧은뜨기 2 [36코]

7단: (짧은뜨기 5, 코늘리기 1) × 6 [42코]

8단: 짧은뜨기 3, (코늘리기 1, 짧은뜨기 6) × 5, 코늘리기 1, 짧은뜨기 3 [48코]

9단: (짧은뜨기 7, 코늘리기 1) × 6 [54코]

10단: 짧은뜨기 4, (코늘리기 1, 짧은뜨기 8) × 5, 코늘리기 1, 짧은뜨기 4 [60코]

11단: (짧은뜨기 9, 코늘리기 1) × 6 [66코]

12~25단: 짧은뜨기 66 [66코]

26단: (짧은뜨기 9, 안 보이게 코줄이기 1) × 6 [60코]

27단: 짧은뜨기 4, (안 보이게 코줄이기 1, 짧은뜨기 8) × 5, 안 보이게 코줄이기 1, 짧은뜨기 4 [54코]

28단: (짧은뜨기 7, 안 보이게 코줄이기 1) × 6 [48코]

충전재를 계속 채우면서 뜬다.

29단: 짧은뜨기 3, (안 보이게 코줄이기 1, 짧은뜨기 6) × 5, 안 보이게 코줄이기 1, 짧은뜨기 3 [42코]

30단: (짧은뜨기 5, 안 보이게 코줄이기 1) × 6 [36코]

31단: 뒷고리 이랑뜨기로 작업한다. 짧은뜨기 2, (안 보이게 코줄이기 1, 짧은뜨기 4) × 5, 안 보이게 코줄이기 1, 짧은뜨기 2 [30코]

32단: (짧은뜨기 3, 안 보이게 코줄이기 1) × 6 [24코]

33단: 짧은뜨기 1, (안 보이게 코줄이기 1, 짧은뜨기 2) × 5, 안 보이게 코줄이기 1, 짧은뜨기 1 [18코]

충전재를 단단히 채운다.

34단: (안 보이게 코줄이기 1, 짧은뜨기 1) × 6 [12코]

35단: 안 보이게 코줄이기 6 [6코]

꼬리실을 남기고 끊는다. 바늘을 사용하여 꼬리실을 앞쪽 사슬코에 엮고 단단히 당겨 정리한다. 머리 30단의 남은 앞쪽 코를 사용하여 머리와 몸을 함께 꿰맨다. 솔기를 닫기 전에 목 부위에 충전재를 단단하게 채운다.(젓가락 사용)

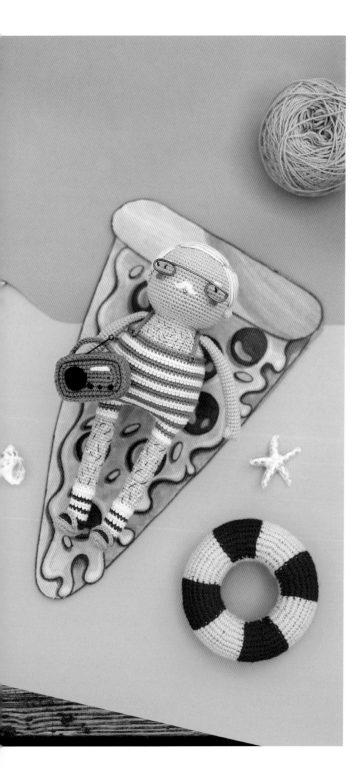

팔(2개)   실: 연베이지색 / 코바늘 1.5mm

1단: 매직링에 짧은뜨기 5 [5코]

2단: 코늘리기 5 [10코]

3단: 짧은뜨기 10 [10코]

4단: 짧은뜨기 4, 다음 코에 한길긴뜨기 5코 버블 스티치 1, 짧은뜨기 5 [10코]

5~31단: 짧은뜨기 10 [10코]

팔의 아랫부분만 충전재를 채워서 바느질 후 팔이 너무 튀어나오지 않도록 한다. 마지막 코가 엄지 손가락의 반대쪽이 되도록 짧은뜨기를 추가하거나 줄인다. 팔을 평평하게 하고 다음 단에서 두 겹을 겹쳐 작업한다.

32단: 짧은뜨기 5 [5코]

꼬리실을 길게 남기고 끊는다. 팔을 몸 옆 31~32단 사이에 바느질하여 고정한다. 수영복 끈의 끝부분을 수영복 앞쪽으로 꿰매고 작은 단추나 구슬로 장식한다.

귀(2개)   실: 연베이지색 / 코바늘 1.5mm

실을 길게 남기고 시작한다.

1단: 매직링에 짧은뜨기 5 [5코]

매직링을 잡아당겨 조이고 꼬리실을 길게 남기고 끊는다.

스트랩 샌들(2개)   실: 진노란색 / 코바늘 1.5mm

실을 길게 남기고 시작한다. 사슬뜨기 11

1단: 2번째 코에서 시작하여 빼뜨기 10 [10코]

꼬리실을 길게 남기고 끊는다. 끈을 발에 꿰매고 고정하고, 실을 끊고 정리한다.

마무리하기

- 머리카락을 만들려면 마커나 핀으로 위치를 그리거나 표시한다. 그랜파의 머리는 큰 부분(높이 10~12단, 넓이 36코)과 작은 앞부분으로 구성된다.

- 흰색 실 1~2가닥을 사용하여 뒷머리를 덮는다. 8~9단과 19~21단 사이에 긴 스티치를 만든다. 바늘을 머리 부분에 통과시키지 말고(머리 모양이 바뀔 수 있음.) 앞쪽 고리나 땀 사이의 공간만 사용하여 바느질한다.

- 같은 방법으로 머리 윗쪽 부위의 30% 정도를 덮어준다. 머리

9

10

11

카락을 더욱 풍성하게 만들려면 두 겹으로 수놓는다.(사진 9) 진회색 실로 가닥을 더 추가하면 더 뚜렷하게 표현된다.(사진 10-11)

- 19~20단 사이에서 머리 양쪽, 머리카락 가장자리 바로 아래에 귀를 바느질하여 고정한다.
- 얼굴에 자수를 한다. 마커나 재봉핀을 사용하여 먼저 눈, 눈썹, 콧수염, 뺨의 위치를 표시한다.
- 눈과 입은 진회색이나 검은색 자수실 1~2가닥을 사용하고, 눈썹과 콧수염은 흰색 자수실 1~2가닥을 사용한다. 눈은 16단에 14~16코 정도 간격을 두고 수놓는다.
- 분홍색 자수실로 눈 아래에 뺨을 수놓는다.
- 안경은 작은 직사각형 물체에 와이어를 감아 만든다. 눈 사이의 거리 부분을 건너뛰고 다시 직사각형 물체에 와이어를 감아 안경을 완성한다.(사진 12) 와이어 끝 부분을 약 2cm 정도 남기고 잘라낸다. 남은 와이어 부분을 머리에 넣어 안경을 고정한다.(사진 13)
- 연베이지색 실을 사용하여 한쪽 다리에 양말 가장자리 위로 8~10줄 정도(2~3코 너비) 수를 놓아 무릎 모양을 만든다.
- 진회색, 흰색 실을 사용하여 가슴과 다리 털을 무작위로 수놓는다.

오버핏 보드 반바지 실: 빨간색, 흰색 / 코바늘 1.75mm

Note: 보드 반바지를 한 가지 색깔로 만들고 싶으면 버블 스티치를 짧은뜨기로 교체하면 된다.

빨간색. 사슬뜨기 66. 첫 코에 빼뜨기하여 원 모양을 만든다.

1단: 짧은뜨기 66 [66코]

Note: 옷을 입혀본다. 원이 팔 아래 몸에 잘 맞아야 한다. 너무 빡빡하면 더 큰 코바늘을 사용하고, 너무 느슨하면 더 작은 코바늘을 사용하는 것이 좋다.

2단: (짧은뜨기 10, 코늘리기 1) × 6 [72코]

3단: 짧은뜨기 72 [72코]

흰색 실을 사용하여 단마다 한길긴뜨기 3코 버블스티치를 하고, 다른 모든 뜨기는 빨간색 실로 한다.

4단: 짧은뜨기 3, (한길긴뜨기 3코 버블스티치 1, 짧은뜨기 5) × 11, 한길긴뜨기 3코 버블스티치 1, 짧은뜨기 2 [72코]

5~7단: 짧은뜨기 72 [72코]

8단: 짧은뜨기 1, (한길긴뜨기 3코 버블스티치 1, 짧은뜨기 5) × 11, 한길긴뜨기 3코 버블스티치 1, 짧은뜨기 4 [72코]

9~11단: 짧은뜨기 72 [72코]

12단: (짧은뜨기 5, 한길긴뜨기 3코 버블스티치 1) × 12 [72코](사진 14-15)

13~15단: 짧은뜨기 72 [72코]

16단: 짧은뜨기 3, (한길긴뜨기 3코 버블스티치 1, 짧은뜨기 5) × 11, 한길긴뜨기 3코 버블스티치 1, 짧은뜨기 2 [72코]

17~19단: 짧은뜨기 72 [72코]

20단: 짧은뜨기 1, (한길긴뜨기 3코 버블스티치 1, 짧은뜨기 5) × 11, 한길긴뜨기 3코 버블스티치 1, 짧은뜨기 4 [72코]

21~22단: 짧은뜨기 72 [72코]

반바지 다리 부분은 네 부분으로 나누어 뜬다. 첫 번째 반바지 다리에 33코, 중앙 앞부분에 3코, 두 번째 반바지 다리에 33코, 중앙 뒷부분에 3코. 첫 번째 반바지 다리 작업을 계속한다.

반바지 다리 1 실: 빨간색, 흰색 / 코바늘 1.75mm

23단: 빨간색. 짧은뜨기 33. 뜨지 않은 코는 건너뛴다. [33코]

23단의 33코에 계속 이어서 뜬다.

24단: 짧은뜨기 1, (한길긴뜨기 3코 버블스티치 1, 짧은뜨기 5) × 5, 한길긴뜨기 3코 버블스티치 1, 짧은뜨기 1 [33코](사진 16-17)

25~27단: 짧은뜨기 33 [33고]

28단: (짧은뜨기 5, 한길긴뜨기 3코 버블스티치 1) × 5, 짧은뜨기 3 [33코]

흰색 실을 당겨 조인다.

29~30단: 짧은뜨기 33 [33코]

31단: 빼뜨기 33 [33코]

실을 끊고 정리한다.

반바지 다리 2 실: 빨간색, 흰색 / 코바늘 1.75mm

실을 길게 남기고 시작한다. 22단의 반바지 다리 1 옆의 4번째 사슬 코에서 빨간색 실을 끌어온다.

23단: 짧은뜨기 33. 뜨지 않은 코는 건너뛴다. [33코]

23단의 33코에 계속 이어서 뜬다.

24단: 짧은뜨기 2, (한길긴뜨기 3코 버블스티치 1, 짧은뜨기 5) × 5, 다음 코에 한길긴뜨기 3코 버블스티치 1 [33코]

25~27단: 짧은뜨기 33 [33코]

28단: (짧은뜨기 5, 한길긴뜨기 3코 버블스티치 1) × 5, 짧은뜨기 3 [33코]

흰색 실을 당겨 조인다.

29~30단: 짧은뜨기 33 [33코]

31단: 빼뜨기 33 [33코]

실을 끊고 정리한다. 반바지 다리 2의 시작 부분에 남은 실을 사용하여 반바지의 앞 중앙과 뒷 중앙 부분(다리 사이의 틈)을 바느질하여 마무리한다.(사진 18)

허리띠 실: 흰색 / 코바늘 1.5mm

반바지 1단 뒤쪽에서 흰색 실을 끌어온다.

1단: 짧은뜨기 66 [66코]

2단: 빼뜨기 66 [66코] (사진 19)

실을 끊고 정리한다.

괴짜 셔츠 실: 분홍색 / 코바늘 1.75mm

Note: 셔츠를 입었을 때 윗부분은 약간 타이트하고(가슴 털을 볼 수 있도록) 가슴 아래 부분은 조금 헐렁하다(단추를 잠글 수 있도록).

사슬뜨기 43

1단: 2번째 사슬코에서 시작하여 짧은뜨기 42, 사슬뜨기 2, 뒤집기 [42코]

2단: 긴뜨기 42, 사슬뜨기 2, 뒤집기 [42코]

3단: (긴뜨기 5, 긴뜨기로 코줄이기 1) × 6, 사슬뜨기 1, 뒤집기 [36코]

4단: 짧은뜨기 36, 사슬뜨기 2, 뒤집기 [36코]

칼라가 목을 잘 감싸는지 확인한다.

5단: (긴뜨기 6, 긴뜨기로 코늘리기 1, 긴뜨기 4, 긴뜨기로 코늘리기 1, 긴뜨기 6) × 2, 사슬뜨기 2, 뒤집기 [40코]

6단: (긴뜨기 6, 긴뜨기로 코늘리기 2, 긴뜨기 4, 긴뜨기로 코늘리기 2, 긴뜨기 6) × 2, 사슬뜨기 2, 뒤집기 [48코]

7단: (긴뜨기 6, 긴뜨기로 코늘리기 2, 긴뜨기 8, 긴뜨기로 코늘리기 2, 긴뜨기 6) × 2, 사슬뜨기 2, 뒤집기 [56코]

8단: (긴뜨기 6, 긴뜨기로 코늘리기 2, 긴뜨기 12, 긴뜨기로 코늘리기 2, 긴뜨기 6) × 2, 사슬뜨기 2, 뒤집기 [64코]

9단: 긴뜨기 3, 긴뜨기로 코늘리기 2, 긴뜨기 3, 사슬뜨기 8, 건너뛰기 10(암홀. 팔을 끼우는 부분), 긴뜨기 28, 사슬뜨기 8, 건너뛰기 10(암홀. 팔을 끼우는 부분), 긴뜨기 3, 긴뜨기로 코늘리기 2, 긴뜨기 3, 사슬뜨기 2, 뒤집기 [48코 + 사슬 16코](사진 20)

10단: 긴뜨기 10, 사슬코에 긴뜨기 8, 긴뜨기 3, (긴뜨기로 코늘리기 1, 긴뜨기 6) × 3, 긴뜨기로 코늘리기 1, 긴뜨기 3, 사슬코에 긴뜨기 8, 긴뜨기 10, 사슬뜨기 2, 뒤집기 [68코](사진 21)

11~21단: 긴뜨기 68, 사슬뜨기 2, 뒤집기 [68코]

22단: 긴뜨기 68 [68코]

실을 끊고 정리한다.(사진 22)

소매(2개) 실: 분홍색 / 코바늘 1.5mm

암홀 하단 중앙에서 분홍색 실을 끌어온다.(사진 23)

1단: 짧은뜨기 4, 암홀 옆 지점에 짧은뜨기 1, 짧은뜨기 2, 긴뜨기 6, 짧은뜨기 2, 암홀 옆 지점에 짧은뜨기 1, 짧은뜨기 4 [20코]

2~3단: 짧은뜨기 7, 긴뜨기 6, 짧은뜨기 7 [20코]

실을 끊고 정리한다. 반대쪽 소매도 같은 방법으로 뜬다.

장식 만들기 패턴 11-12 (135쪽)

원하는 개수만큼 만들어 바느질한다.

야자수 잎 실: 초록색 / 코바늘 1.5mm

실을 길게 남기고 시작한다.

1단: (사슬뜨기 8, 2번째 코에서 시작하여 빼뜨기 1, 짧은뜨기 1, 긴뜨기 1, 한길긴뜨기 2, 긴뜨기 1, 짧은뜨기 1) × 4

꼬리실을 길게 남기고 끊는다.

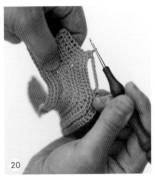

야자수 줄기 실: 갈색 / 코바늘 1.5mm

실을 길게 남기고 시작한다. 사슬뜨기 9

1단: 2번째 코에서 시작하여 빼뜨기 1, 짧은뜨기 2, 긴뜨기 2, 한길긴뜨기 3

꼬리실을 길게 남기고 끊는다.

큰 꽃 실: 빨간색 / 코바늘 1.5mm

1단: 매직링에 짧은뜨기 5 [5코]

2단: 코늘리기 5 [10코]

3단: (사슬뜨기 4, 다음 코에 두길긴뜨기 3, 사슬뜨기 4, 짧은뜨기 1) × 5

실을 끊고 정리한다.

작은 꽃 실: 빨간색 / 코바늘 1.5mm

1단: 매직링에 짧은뜨기 5 [5코]

2단: 코늘리기 5 [10코]

3단: (사슬뜨기 3, 다음 코에 한길긴뜨기 3, 사슬뜨기 3, 짧은뜨기 1) × 5

실을 끊고 정리한다.

- 셔츠를 펴고 앞면에 장식을 바느질한다. 원하는 위치에 핀으로 먼저 고정시킨 다음, 실과 일치하는 색깔의 실 또는 자수실을 사용하여 바느질한다. 셔츠 안쪽에서 단단하게 매듭을 지어 마무리한다.

- 흰색 실을 사용하여 각각의 꽃 중앙에 작은 프렌치 매듭 몇 개를 수놓아 꽃의 암술과 수술을 표현한다.

- 진노란색 실을 사용하여 야자수 잎 위에 더 큰 매듭 몇 개를 수놓는다. 다른 색깔의 남은 실을 사용하여 여기저기에 몇 개의 스티치를 만들면 나만의 개성 있는 셔츠를 만들 수 있다.

- 셔츠의 18, 14, 10, 6단에 작은 단추를 바느질한다. 셔츠 반대쪽의 사슬코 고리를 단춧구멍으로 사용한다.

라디오

스피커   실: 진회색 / 코바늘 1.5mm

1단: 매직링에 짧은뜨기 6 [6코]

2단: 코늘리기 6 [12코]

실을 끊고 뒷면으로 엮어 넣어 정리한다.

라디오 앞면   실: 분홍색 / 코바늘 1.5mm

사슬뜨기 9. 기초 사슬코의 양쪽을 따라 뜬다.

1단: 2번째 코에서 시작하여 코늘리기 1, 짧은뜨기 6, 다음 코에 짧은뜨기 4, 기초 사슬코의 반대쪽 고리에 짧은뜨기 6, 코늘리기 1 [20코]

2단: (짧은뜨기 1, 코늘리기 1, 짧은뜨기 6, 코늘리기 1, 짧은뜨기 1) × 2 [24코]

3단: (짧은뜨기 1, 코늘리기 2, 짧은뜨기 6, 코늘리기 2, 짧은뜨기 1) × 2 [32코]

4단: (짧은뜨기 2, 코늘리기 2, 짧은뜨기 8, 코늘리기 2, 짧은뜨기 2) × 2 [40코]

실을 끊고 뒷면으로 엮어 넣어 정리한다.

- 진회색 실 1가닥을 사용하여 전면 데크의 왼쪽에 스피커를 꿰맨다. 흰색 실 1가닥을 사용하여 2~3줄 정도(3코 너비) 수를 놓아 튜닝 패널을 만든다.
- 라디오 앞면의 오른쪽 아래에 작은 단추 몇 개를 꿰매어 버튼을 만든다. 작은 구슬을 달거나 프렌치 매듭으로 수놓아 표현해도 된다.
- 앞면의 크기에 맞는 플라스틱이나 판지 조각을 2개 자른다. 이것들은 나중에 라디오의 모양을 지탱하는 데 사용된다.

라디오 케이스   실: 분홍색 / 코바늘 1.5mm

1~4단: 라디오 앞면의 1~4단과 같은 방법으로 뜬다.

5단: 뒷고리 이랑뜨기로 짧은뜨기 40 [40코]

6~7단: 짧은뜨기 40 [40코]

- 실을 끊지 않고 남겨둔다. 다음 단에서 라디오 케이스와 라디오 앞면을 이어 붙인다.(사진 24)
- 잘라 두었던 플라스틱이나 판지 조각 중 하나를 케이스 안에 넣고 충전재를 채운다. 두 번째 플라스틱이나 판지 조각을 그 위에 올려놓고(사진 24) 라디오 앞면을 덮는다.
- 부품을 잘 정렬하고 다음 단에서 라디오 앞면과 라디오 케이스의

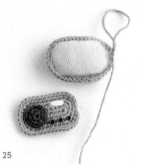

24

25

26

27

가장자리 코를 겹쳐서 연결한다.

8단: 빼뜨기 40 [40코] (사진 26)

필요한 경우 이음새를 닫기 전에 플라스틱이나 판지 조각 사이에 충전재를 충분히 추가한다. 실을 끊고 정리한다.

라디오 손잡이   실: 분홍색 / 코바늘 1.5mm

실을 길게 남기고 시작한다. 사슬뜨기 11

1단: 2번째 코에서 시작하여 빼뜨기 10, 사슬뜨기 1, 뒤집기 [10코]

2단: 빼뜨기 10 [10코]

꼬리실을 길게 남기고 끊는다. 라디오 손잡이를 6코의 간격을 두고 라디오에 바느질하여 고정한다. 실을 끊고 정리한다.

마무리하기

공예용 와이어로 작은 안테나를 만든다.(엄마의 머리핀 만들기 참조, 31쪽). 라디오 윗부분에 꽂고 고정한다.(사진 27)

그랜마

그랜마는 프로 스케이트 보더이자
루라와 보를 사랑하는 할머니입니다.
그녀의 열정은 아직도 넘쳐 흐르고,
늘 "I can do it!"을 외친답니다.
그녀는 매주 수요일 밤 아빠의 커피숍에서
여성 파워 클럽을 운영합니다.

난이도
★★

완성 작품 크기
22.5 cm

재료 및 도구
- 실
• 검은색
• 연베이지색
• 파란색
• 흰색
• 보라색
• 진분홍색
• 분홍색, 회색(조금)
- 코바늘 1.5mm
- 진회색, 보라색, 라임색, 연갈색, 흰색, 분홍색 자수실
- 자수용 바늘
- 돗바늘
- 핀
- 발을 지탱하기 위한 단추 2개(1.4cm)
- 안경용 와이어
- 스케이트보드 바퀴용 작은 단추 4개(8mm)
- 스케이트보드용 플라스틱 또는 판지 조각
- 마커
- 충전재

www.amigurumi.com/3906
사이트에 작품을 올려보세요. 다른 작품을
통해 영감을 얻을 수 있어요.

다리(2개) 실: 검은색, 연베이지색 / 코바늘 1.5mm
Note: 다리와 바지 다리를 따로 뜬다.
바지 다리를 다리에 직접 부착한 다음
바지다리를 연결하여 몸을 만든다.
1단: 검은색. 매직링에 짧은뜨기 6 [6코]
2단: 코늘리기 6 [12코]
3단: (짧은뜨기 1, 코늘리기 1) × 6 [18코]
4단: 뒷고리 이랑뜨기로 짧은뜨기 18 [18코]
5단: 짧은뜨기 18 [18코]
Note: 이때 발 안쪽에 평평한 단추를 넣는다. 귀여운 작은 발굽과 같은 모양을 만들려면 밑창을 평평하게 유지하는 것이 중요하다.
6단: (안 보이게 코줄이기 1, 짧은뜨기 1) × 6 [12코]
실 바꾸기: 연베이지색
7~36단: 짧은뜨기 12 [12코]
충전재를 계속 채우면서 뜬다.
37단: (짧은뜨기 3, 코늘리기 1) × 3 [15코]
38단: 짧은뜨기 2, (코늘리기 1, 짧은뜨기 4) × 2, 코늘리기 1, 짧은뜨기 2 [18코]
39단: (짧은뜨기 5, 코늘리기 1) × 3 [21코]
40단: 짧은뜨기 3, (코늘리기 1, 짧은뜨기 6) × 2, 코늘리기 1, 짧은뜨기 3 [24코]
41단: (짧은뜨기 7, 코늘리기 1) × 3 [27코]
42단: 짧은뜨기 4, (코늘리기 1, 짧은뜨기 8) × 2, 코늘리기 1, 짧은뜨기 4 [30코]
실을 끊고 정리한다. 다리가 단단하게 충전재가 고르게 채워졌는지 확인한다. 다리는 따로 두고 바지 다리를 만든다.

바지 다리(2개) 실: 파란색 / 코바늘 1.5mm
실을 넉넉하게 남기고 시작한다. 나중에 바지 다리 밑부분을 한 바퀴 더 돌려서 뜰 때 필요하다. 사슬뜨기 42. 첫 코에 빼뜨기하여 원 모양을 만든다.
1단: 짧은뜨기 42 [42코]
2~7단: 짧은뜨기 42 [42코]
실을 끊지 않고 남겨둔다. 1단으로 돌아가서 처음에 남겨둔 실을 사용하여 바지 다리 아랫부분을 따라 빼뜨기한다. 실을 끊고 정리한다.
7단에서 계속 이어 뜬다.

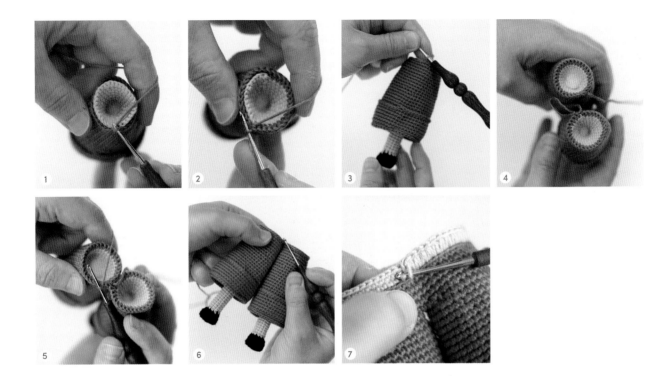

8단: 앞고리 이랑뜨기로 빼뜨기 42 [42코]
이렇게 하면 바지 다리 부분에 장식 솔기가 생긴다.

9단: 이 단은 7단의 뜨지 않은 코의 뒤쪽 고리에 뜬다. 짧은뜨기 6, (안 보이게 코줄이기 1, 짧은뜨기 12) × 2, 안 보이게 코줄이기 1, 짧은뜨기 6 [39코]

10~13단: 짧은뜨기 39 [39코]

14단: (짧은뜨기 11, 안 보이게 코줄이기 1) × 3 [36코]

15~18단: 짧은뜨기 36 [36코]

19단: 짧은뜨기 5, (안 보이게 코줄이기 1, 짧은뜨기 10) × 2, 안 보이게 코줄이기 1, 짧은뜨기 5 [33코]

20~23단: 짧은뜨기 33 [33코]

24단: (짧은뜨기 9, 안 보이게 코줄이기 1) × 3 [30코]

25단: 짧은뜨기 30 [30코]

• 바지 다리 옆으로 시작코를 옮기기 위해 짧은뜨기 3~4코를 추가로 뜨고 마지막 사슬코에 마커로 표시한다. 여기가 새로운 단의 시작 지점이다.

• 바지 다리를 다리 위에 놓고 가장자리를 맞춘다.(사진 1) 다음 단에

서는 다리와 바지 다리를 함께 연결한다.

26단: 두 개의 코를 겹쳐 짧은뜨기 30 [30코](사진 2-3)
첫 번째 다리는 꼬리실을 남기고 끊는다. 두 번째 다리와 바지 다리를 같은 방식으로 연결하되, 실을 끊지 않고 남겨둔다.(사진 4) 다음 단에서는 두 바지 다리를 함께 연결하고 몸을 뜬다.

몸 실: 파란색, 회색, 흰색, 검은색, 연베이지색 / 코바늘 1.5mm

1단: 파란색. 첫 번째 바지 다리의 코에 바늘을 넣어 짧은뜨기로 연결한다.(사진 5-6) 첫 번째 바지 다리에 짧은뜨기 29, 두 번째 바지 다리에 짧은뜨기 30 [60코]
짧은뜨기 15(몸 옆으로 시작코 옮기기), 마지막 사슬코에 마커로 표시한다. 여기가 새로운 단의 시작 지점이다.

2~4단: 짧은뜨기 60 [60코]
첫 번째 다리의 남은 실을 사용하여 다리 사이 부분을 꿰매어 닫는다.

5단: 짧은뜨기 4, (안 보이게 코줄이기 1, 짧은뜨기 8) × 5, 안 보이게 코줄이기 1, 짧은뜨기 4 [54코]

실 바꾸기: 회색

6단: 뒷고리 이랑뜨기로 짧은뜨기 54 [54코]

7단: 짧은뜨기 54 [54코]

8단: 6단에 스파이크 스티치 54 [54코] (사진 7)

이렇게 하면 셔츠에 줄무늬가 생긴다.

실 바꾸기: 흰색

9단: 뒷고리 이랑뜨기로 짧은뜨기 54 [54코]

10단: (짧은뜨기 2, 코늘리기 1) × 18 [72코]

11~15단: 짧은뜨기 72 [72코]

16단: 짧은뜨기 11, (안 보이게 코줄이기 1, 짧은뜨기 22) × 2, 안 보이게 코줄이기 1, 짧은뜨기 11 [69코]

17단: (짧은뜨기 21, 안 보이게 코줄이기 1) × 3 [66코]

18단: 짧은뜨기 10, (안 보이게 코줄이기 1, 짧은뜨기 20) × 2, 안 보이게 코줄이기 1, 짧은뜨기 10 [63코]

19단: (짧은뜨기 19, 안 보이게 코줄이기 1) × 3 [60코]

20단: 짧은뜨기 9, (안 보이게 코줄이기 1, 짧은뜨기 18) × 2, 안 보이게 코줄이기 1, 짧은뜨기 9 [57코]

21단: (짧은뜨기 17, 안 보이게 코줄이기 1) × 3 [54코]

22단: 짧은뜨기 8, (안 보이게 코줄이기 1, 짧은뜨기 16) × 2, 안 보이게 코줄이기 1, 짧은뜨기 8 [51코]

23단: (짧은뜨기 15, 안 보이게 코줄이기 1) × 3 [48코]

24단: 짧은뜨기 48 [48코]

25단: 짧은뜨기 7, (안 보이게 코줄이기 1, 짧은뜨기 14) × 2, 안 보이게 코줄이기 1, 짧은뜨기 7 [45코]

26단: 짧은뜨기 45 [45코]

27단: (짧은뜨기 13, 안 보이게 코줄이기 1) × 3 [42코]

28단: 짧은뜨기 42 [42코]

몸 옆으로 시작코를 옮기기 위해 짧은뜨기 4~5코를 추가로 뜨고 마지막 사슬코에 마커로 표시한다. 여기가 새로운 단의 시작 지점이다.

실 바꾸기: 검은색

29단: 짧은뜨기 42 [42코]

실 바꾸기: 연베이지색

30단: 뒷고리 이랑뜨기로 (짧은뜨기 5, 안 보이게 코줄이기 1) × 6 [36코]

31단: 짧은뜨기 5, (안 보이게 코줄이기 1, 짧은뜨기 10) × 2, 안 보이게 코줄이기 1, 짧은뜨기 5 [33코]

32단: (짧은뜨기 9, 안 보이게 코줄이기 1) × 3 [30코]

33단: 짧은뜨기 4, (안 보이게 코줄이기 1, 짧은뜨기 8) × 2, 안 보이게 코줄이기 1, 짧은뜨기 4 [27코]

34단: (짧은뜨기 7, 안 보이게 코줄이기 1) × 3 [24코]

꼬리실을 길게 남기고 끊는다. 충전재를 단단하게 채운다.

머리 실: 연베이지색 / 코바늘 1.5mm

1단: 매직링에 짧은뜨기 6 [6코]

2단: 코늘리기 6 [12코]

3단: (짧은뜨기 1, 코늘리기 1) × 6 [18코]

4단: 짧은뜨기 1, (코늘리기 1, 짧은뜨기 2) × 5, 코늘리기 1, 짧은뜨기 1 [24코]

5단: (짧은뜨기 3, 코늘리기 1) × 6 [30코]

6단: 짧은뜨기 2, (코늘리기 1, 짧은뜨기 4) × 5, 코늘리기 1, 짧은뜨기 2 [36코]

7단: (짧은뜨기 5, 코늘리기 1) × 6 [42코]

8단: 짧은뜨기 3, (코늘리기 1, 짧은뜨기 6) × 5, 코늘리기 1, 짧은뜨기 3 [48코]

9단: (짧은뜨기 7, 코늘리기 1) × 6 [54코]

10단: 짧은뜨기 4, (코늘리기 1, 짧은뜨기 8) × 5, 코늘리기 1, 짧은뜨기 4 [60코]

11단: (짧은뜨기 9, 코늘리기 1) × 6 [66코]

12~25단: 짧은뜨기 66 [66코]

26단: (짧은뜨기 9, 안 보이게 코줄이기 1) × 6 [60코]

27단: 짧은뜨기 4, (안 보이게 코줄이기 1, 짧은뜨기 8) × 5, 안 보이게 코줄이기 1, 짧은뜨기 4 [54코]

28단: (짧은뜨기 7, 안 보이게 코줄이기 1) × 6 [48코]

충전재를 계속 채우면서 뜬다.

29단: 짧은뜨기 3, (안 보이게 코줄이기 1, 짧은뜨기 6) × 5, 안 보이게 코줄이기 1, 짧은뜨기 3 [42코]

30단: (짧은뜨기 5, 안 보이게 코줄이기 1) × 6 [36코]

31단: 짧은뜨기 2, (안 보이게 코줄이기 1, 짧은뜨기 4) × 5, 안 보이게 코줄이기 1, 짧은뜨기 2 [30코]

32단: (짧은뜨기 3, 안 보이게 코줄이기 1) × 6 [24코]

33단: 뒷고리 이랑뜨기로 작업한다. 짧은뜨기 1, (안 보이게 코줄이기 1, 짧은뜨기 2) × 5, 안 보이게 코줄이기 1, 짧은뜨기 1 [18코]

충전재를 단단하게 채운다.

34단: (안 보이게 코줄이기 1, 짧은뜨기 1) × 6 [12코]

35단: 안 보이게 코줄이기 6 [6코]

꼬리실을 길게 남기고 끊는다. 바늘을 사용하여 꼬리실을 앞쪽 사슬코에 엮고 단단히 당겨 정리한다. 머리 32단의 남은 앞쪽 코를 사용하여 머리와 몸을 함께 꿰맨다. 솔기를 닫기 전에 목 부위에 충전재를 단단하게 채운다.(젓가락 사용)

팔(2개) 실: 연베이지색, 검은색 / 코바늘 1.5mm

1단: 연베이지색. 매직링에 짧은뜨기 6 [6코]

2단: (짧은뜨기 1, 코늘리기 1) × 3 [9코]

3단: 짧은뜨기 9 [9코]

4단: 짧은뜨기 4, 다음 코에 한길긴뜨기 5코 버블 스티치 1, 짧은뜨기 4 [9코]

5~9단: 짧은뜨기 9 [9코]

실 바꾸기: 검은색

> Note: 실을 바꾸는 지점이 팔의 안쪽에 있는지 확인한다. 몇 개의 짧은뜨기를 추가하거나 줄여 마지막 지점을 맞춘다.

10단: 뒷고리 이랑뜨기로 짧은뜨기 9 [9코]

충전재를 계속 채우면서 뜬다.

11단: 스파이크 스티치 9 [9코]

12단: 뒷고리 이랑뜨기로 코늘리기 9 [18코]

13단: 짧은뜨기 1, (코늘리기 1, 짧은뜨기 2) × 5, 코늘리기 1, 짧은뜨기 1 [24코]

14단: (짧은뜨기 3, 코늘리기 1) × 6 [30코]

15단: 짧은뜨기 2, (코늘리기 1, 짧은뜨기 4) × 5, 코늘리기 1, 짧은뜨기 2 [36코]

16~17단: 짧은뜨기 36 [36코]

18단: 짧은뜨기 5, (안 보이게 코줄이기 1, 짧은뜨기 10) × 2, 안 보이게 코줄이기 1, 짧은뜨기 5 [33코]

19단: 짧은뜨기 33 [33코]

20단: (짧은뜨기 9, 안 보이게 코줄이기 1) × 3 [30코]

21단: 짧은뜨기 30 [30코]

22단: 짧은뜨기 4, (안 보이게 코줄이기 1, 짧은뜨기 8) × 2, 안 보이게 코줄이기 1, 짧은뜨기 4 [27코]

23단: 짧은뜨기 27 [27코]

24단: (짧은뜨기 7, 안 보이게 코줄이기 1) × 3 [24코]

25단: 짧은뜨기 24 [24코]

26단: 짧은뜨기 3, (안 보이게 코줄이기 1, 짧은뜨기 6) × 2, 안 보이게 코줄이기 1, 짧은뜨기 3 [21코]

27~28단: 짧은뜨기 21 [21코]

29단: (짧은뜨기 5, 안 보이게 코줄이기 1) × 3 [18코]

30~31단: 짧은뜨기 18 [18코]

32단: 짧은뜨기 2, (안 보이게 코줄이기 1, 짧은뜨기 4) × 2, 안 보이게 코줄이기 1, 짧은뜨기 2 [15코]

33단: 짧은뜨기 15 [15코]

34단: (짧은뜨기 3, 안 보이게 코줄이기 1) × 3 [12코]

35단: 짧은뜨기 12 [12코]

팔의 아랫부분만 충전재를 채워서 바느질 후 팔이 너무 튀어나오지 않도록 한다. 마지막 코가 엄지 손가락의 반대쪽이 되도록 짧은뜨기를 추가하거나 줄인다. 팔을 평평하게 하고 다음 단에서 두 겹을 겹쳐 작업한다.

32단: 짧은뜨기 6 [6코]

꼬리실을 길게 남기고 끊는다. 팔을 몸 옆 29단 바로 아래에 바느질하여 고정한다.

머리카락 실: 보라색 / 코바늘 1.5mm

> Note: 그랜마의 머리카락은 비니 모양으로(보의 머리카락과 비슷함), 앞부분이 뒷부분보다 짧다.

실을 길게 남기고 시작한다. 사슬뜨기 23

1단: 2번째 사슬코에서 시작하여 빼뜨기 4, 짧은뜨기 4, 긴뜨기 14, 사슬뜨기 1, 뒤집기 [22코]

2단: 긴뜨기 1, 뒷고리 이랑뜨기로 긴뜨기 13, 뒷고리 이랑뜨기로 짧은뜨기 4, 뒷고리 이랑뜨기로 빼뜨기 3, 빼뜨기 1, 사슬뜨기 1, 뒤집기 [22코]

3단: 빼뜨기 1, 뒷고리 이랑뜨기로 빼뜨기 3, 뒷고리 이랑뜨기로 짧은뜨기 4, 뒷고리 이랑뜨기로 긴뜨기 13, 긴뜨기 1, 사슬뜨기 1, 뒤집기 [22코]

4~8단: 2~3단과 같은 방법으로 반복하여 뜬다. [22코]

9단: 빼뜨기 1, 뒷고리 이랑뜨기로 빼뜨기 3, 뒷고리 이랑뜨기로 짧은뜨기 4, 뒷고리 이랑뜨기로 긴뜨기 5, 긴뜨기 1, 사슬뜨기 1, 뒤집기 [14코] 뜨지 않은 코는 남겨둔다.

10단: 긴뜨기 1, 뒷고리 이랑뜨기로 긴뜨기 5, 뒷고리 이랑뜨기로 짧은뜨

기 4, 뒷고리 이랑뜨기로 빼뜨기 3, 빼뜨기 1, 사슬뜨기 1, 뒤집기 [14코]

11~32단: 9~10단과 같은 방법으로 반복하여 뜬다. [14코]

33단: 빼뜨기 1, 뒷고리 이랑뜨기로 빼뜨기 3, 뒷고리 이랑뜨기로 짧은뜨기 4, 뒷고리 이랑뜨기로 긴뜨기 5, 긴뜨기 1, 사슬뜨기 9, 뒤집기 [14코+사슬 9코]

34단: 2번째 사슬코에서 시작하여 긴뜨기 8, 긴뜨기 1, 뒷고리 이랑뜨기로 긴뜨기 5, 뒷고리 이랑뜨기로 짧은뜨기 4, 뒷고리 이랑뜨기로 빼뜨기 3, 빼뜨기 1, 사슬뜨기 1, 뒤집기 [22코]

35~46단: 2~3단과 같은 방법을 반복하여 뜬다. [22코]

실을 끊지 않고 머리 윗부분을 계속 둥글게 이어 뜬다.

1단: 46단과 1단의 시작을 빼뜨기로 연결한다. 머리카락 둘레를 짧은뜨기한다. [24코](사진 8)

> Note: 코가 맞지 않으면 안 보이게 코줄이기나 건너뛰기로 깔끔하게 만든다.

2단: (짧은뜨기 1, 안 보이게 코줄이기 1) × 8 [16코]

3단: 안 보이게 코줄이기 8 [8코]

꼬리실을 길게 남기고 끊는다. 바늘을 사용하여 꼬리실을 남은 사슬 코에 엮고 단단히 당겨 정리한다.(사진 9)

- 시작 부분의 실을 사용하여 머리카락의 양쪽을 함께 꿰맨다.(사진 10) 머리카락을 머리에 놓고, 머리를 잘 감싸는지 확인한 후 핀으로 고정한다.

- 보라색 실 1~2가닥을 사용하여 머리카락을 머리에 꿰맨다. 머리카락의 오른쪽 아랫부분은 머리에 꿰매지 않는다. 위로 올리면 더 장난기 있는 모습으로 만들 수 있다.

귀(2개) 실: 연베이지색 / 코바늘 1.5mm

실을 길게 남기고 시작한다.

1단: 매직링에 짧은뜨기 5 [5코]

매직링을 단단하게 조이고 꼬리실을 길게 남기고 끊는다. 귀와 머리카락의 모서리를 바느질하여 고정한다.

터틀넥 실: 검은색 / 코바늘 1.5mm

사슬뜨기 17

1단: 2번째 사슬코에서 시작하여 짧은뜨기 8, 긴뜨기 8, 사슬뜨기 1, 뒤집기 [16코]

2단: 긴뜨기 1, 뒷고리 이랑뜨기로 긴뜨기 7, 뒷고리 이랑뜨기로 짧은

뜨기 7, 짧은뜨기 1, 사슬뜨기 1, 뒤집기 [16코]

3단: 짧은뜨기 1, 뒷고리 이랑뜨기로 짧은뜨기 7, 뒷고리 이랑뜨기로 긴뜨기 7, 긴뜨기 1, 사슬뜨기 1, 뒤집기 [16코]

4~38단: 2~3단과 같은 방법으로 반복하여 뜬다. [16코]

> Note: 터틀넥은 너무 크지 않아야 하며, 하단은 몸의 29단과 같은 길이여야 한다. 입혀보면서 크기를 조정한다.

꼬리실을 길게 남기고 끊는다.

- 터틀넥을 몸의 29단(검은색으로 뜬 단)에 핀으로 고정한다.

- 검은색 실 1~2가닥을 사용하여 터틀넥의 하단을 29단의 남은 앞 사슬코에 꿰맨다.

• 꼬리실을 사용하여 터틀넥의 짧은 면을 함께 꿰매고 터틀넥을 접어준다.(사진 11)

유니콘 장식

머리 실: 분홍색 / 코바늘 1.5mm

1단: 매직링에 짧은뜨기 6 [6코]
2단: 코늘리기 6 [12코]
3단: (코늘리기 1, 짧은뜨기 1) × 6 [18코]
실을 끊고 정리한다.

몸 실: 분홍색 / 코바늘 1.5mm

사슬뜨기 5. 기초 사슬코의 양쪽을 따라 뜬다.
1단: 2번째 사슬코에서 시작하여 짧은뜨기 3, 다음 코에 짧은뜨기 4, 기초 사슬코의 반대쪽 고리에 짧은뜨기 2, 3 짧은뜨기 [12코]
2단: 코늘리기 1, 짧은뜨기 2, 코늘리기 4, 짧은뜨기 2, 코늘리기 3

[20코]
실을 끊고 정리한다.

• 유니콘의 머리와 몸을 분홍색 실 1~2가닥으로 스웨터 중앙에 고정한다. 몸 아래에 프렌치 매듭 4개로 다리를 수놓고, 머리 위에 2개를 더 수놓아 귀를 만든다.
• 라임색 자수실로 레이지데이지 스티치를 4개 수놓아 날개를 만든다. 보라색 자수실로 직선 몇 땀을 수놓아 뿔을 만든다. 유니콘의 표정을 재미있게 만드는 것도 잊지 말자.(사진 12)

마무리하기

• 얼굴에 자수를 한다. 마커나 재봉핀을 사용하여 먼저 눈, 눈썹, 코, 뺨의 위치를 표시한다.
• 눈과 입은 진회색이나 검은색 자수실 1~2가닥을 사용한다. 눈은 앞머리 아래 3코 크기로 16~17코 정도 간격을 두고 수놓는다.
• 연갈색 실로 눈썹을 수놓는다. 연베이지색 실 1가닥을 사용하여 눈 사이에 1코 크기로 코를 수놓는다. 진회색 또는 검은색 자수실을 사용하여 코 아랫부분을 강조한다.
• 분홍색 자수실로 눈 아래에 뺨을 수놓는다.
• 검은색 실 1가닥을 사용하여 스웨터 아랫부분에서 시작하여 터틀넥 아래에서 끝나는 두 개의 긴 스티치를 만들어 솔기를 표현한다.
• 안경은 둥근 물체에 와이어를 감아 만든다. 눈 사이의 거리 만큼 남기고 다시 와이어를 둥근 물체에 감아 완성한 다음, 끝 부분을 3cm 정도 남기고 잘라낸다. 눈에서 3~4코 떨어진 곳 머리에 고정한다.
• 남은 와이어를 사용하여 링 귀걸이를 만든다.

스케이트보드

보드판(2개) 실: 진분홍색 / 코바늘 1.5mm

사슬뜨기 28. 기초 사슬코의 양쪽을 따라 뜬다.
1단: 2번째 사슬코에서 시작하여 짧은뜨기 26, 다음 코에 짧은뜨기 3. 기초 사슬코 반대편 고리에 짧은뜨기 25, 코늘리기 1 [56코]
2단: 코늘리기 1, 짧은뜨기 25, 코늘리기 3, 짧은뜨기 25, 코늘리기 2 [62코]

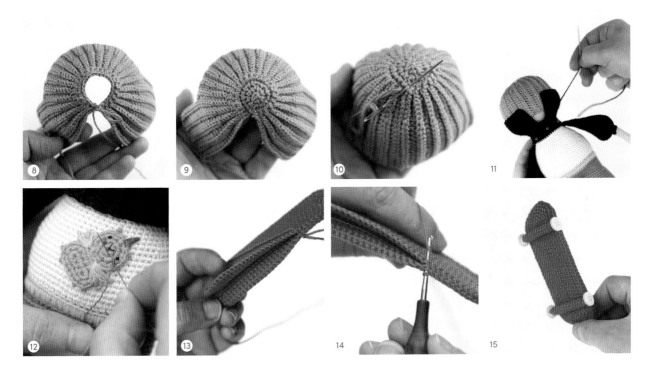

⑧ ⑨ ⑩ ⑪ ⑫ ⑬ 14 15

3단: 짧은뜨기 1, 코늘리기 1, (짧은뜨기 1, 코늘리기 1) × 3, 짧은뜨기 25, (짧은뜨기 1, 코늘리기 1) × 2, 짧은뜨기 25 [68코]

4단: 짧은뜨기 1, 코늘리기 1, 짧은뜨기 25, (짧은뜨기 2, 코늘리기 1) × 3, 짧은뜨기 25, (짧은뜨기 2, 코늘리기 1) × 2, 짧은뜨기 1 [74코]

5단: 짧은뜨기 3, 코늘리기 1, (짧은뜨기 3, 코늘리기 1) × 3, 짧은뜨기 25, (짧은뜨기 3, 코늘리기 1) × 2, 짧은뜨기 25 [80코]

6단: 짧은뜨기 2, 코늘리기 1, 짧은뜨기 25, (짧은뜨기 4, 코늘리기 1) × 3, 짧은뜨기 25, (짧은뜨기 4, 코늘리기 1) × 2, 짧은뜨기 2 [86코]

• 첫 번째 보드판의 실을 끊고 정리한다. 두 번째 데크판은 실을 끊지 않고 남겨둔다.

• 보드판을 대고 플라스틱이나 판지 조각을 2개 자른다. 이것들은 스케이트보드를 지탱하는 데 사용된다. 보드판 사이에 플라스틱이나 판지 조각을 넣고 다음 단에서 연결한다.

7단: 빼뜨기 86 [86코] (사진 13-14)

실을 끊고 정리한다. 보드판의 양쪽 가장자리를 구부려 진짜 스케이트보드 모양으로 만든다.

바퀴 축(2개) 실: 진분홍색 / 코바늘 1.5mm

1단: 매직링에 짧은뜨기 7 [7코]

2~12단: 짧은뜨기 7 [7코]

> Note: 바퀴 축의 길이가 보드판의 너비와 같은지 확인한다. 필요한 경우 콧수를 늘리거나 줄여서 길이를 맞춘다.

• 꼬리실을 길게 남기고 끊는다. 바늘을 사용하여 꼬리실을 앞쪽 사슬코에 엮고 단단히 당겨 정리한다.

• 바퀴 축을 보드판 바닥에 꿰맨다. 글루건을 사용해도 좋다. 흰색 자수실을 사용하여 바퀴 축의 양쪽에 바퀴 역할을 할 평평한 단추를 꿰맨다. (사진 15)

게리

게리는 룰라의 이웃입니다. 그는 하디의 룸메이트이며 딸 마야와 개 요요의 자랑스러운 아빠입니다. 그는 바다를 누비던 선원이었지만, 지금은 은퇴하고 정원에서 유기농 농산물을 재배하는 데 전념하고 있습니다. 언제든 그에게 친환경 정보를 얻을 수 있답니다.

난이도
★★

완성 작품 크기
21.5 cm

재료 및 도구
- 실
  • 연베이지색
  • 빨간색
  • 베이지색(또는 흰색)
  • 진회색
  • 연보라색
  • 파란색
  • 진파란색
- 코바늘 1.5mm, 1.75mm
- 여러 가지 색의 자수실
- 자수용 바늘
- 돗바늘
- 핀
- 셔츠용 작은 단추 4개(2mm)
- 귀걸이용 작은 구슬 1개
- 왼손용 스테인리스 고리
- 마커
- 충전재

www.amigurumi.com/3907
사이트에 작품을 올려보세요. 다른 작품을 통해 영감을 얻을 수 있어요.

다리(2개) 실: 진회색, 연베이지색, 빨간색 / 코바늘 1.5mm

진회색. 사슬뜨기 7. 기초 사슬코의 양쪽을 따라 뜬다.

1단: 2번째 사슬코에서 시작하여 짧은뜨기 5, 다음 코에 짧은뜨기 4, 기초 사슬코 반대편 고리에 짧은뜨기 4, 짧은뜨기 3 [16코]

2단: 코늘리기 1, 짧은뜨기 4, 코늘리기 4, 짧은뜨기 4, 코늘리기 3 [24코]

3단: 뒷고리 이랑뜨기로 짧은뜨기 24 [24코]

4단: 짧은뜨기 24 [24코]

5단: 짧은뜨기 6, 안 보이게 코줄이기 6, 짧은뜨기 6 [18코]

6단: 짧은뜨기 6, 안 보이게 코줄이기 3, 짧은뜨기 6 [15코]

실 바꾸기: 연베이지색

7~24단: 짧은뜨기 15 [15코]

실 바꾸기: 빨간색. 충전재를 계속 채우면서 뜬다.

25단: 뒷고리 이랑뜨기로 짧은뜨기 15 [15코]

26단: 스파이크 스티치 15 [15코]

27단: 뒷고리 이랑뜨기로 짧은뜨기 15 [15코]

28단: 짧은뜨기 15 [15코]

첫 번째 다리는 실을 끊고 정리한다. 두 번째 다리는 실을 끊지 않고 다음 단에서 첫 번째 다리와 연결한 후, 몸을 이어서 뜬다.

몸 실: 빨간색, 연베이지색 / 코바늘 1.5mm

1단: 빨간색. 두 번째 다리에 짧은뜨기 5, 사슬뜨기 9, 첫 번째 다리에 짧은뜨기로 연결한다. 이때 발이 앞을 향하고 있는지 확인한다. 첫 번째 다리에 짧은뜨기 14, 짧은뜨기 9, 두 번째 다리에 짧은뜨기 10 [48코]

2단: (짧은뜨기 7, 코늘리기 1) × 6 [54코]

3단: 짧은뜨기 4, (코늘리기 1, 짧은뜨기 8) × 5, 코늘리기 1, 짧은뜨기 4 [60코]

4단: (짧은뜨기 9, 코늘리기 1) × 6 [66코]

5~7단: 짧은뜨기 66 [66코]

8단: 뒷고리 이랑뜨기로 짧은뜨기 66 [66코]

9단: 스파이크 스티치 66 [66코]

실 바꾸기: 연베이지색

10단: 뒷고리 이랑뜨기로 짧은뜨기 66 [66코]

11~28단: 짧은뜨기 66 [66코]

29단: 짧은뜨기 10, (안 보이게 코줄이기 1, 짧은뜨기 20) × 2, 안 보이게

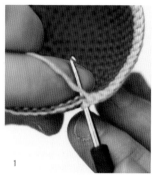

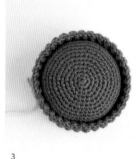

코줄이기 1, 짧은뜨기 10 [63코]

30단: (짧은뜨기 19, 안 보이게 코줄이기 1) × 3 [60코]

충전재를 계속 채우면서 뜬다.

31단: 짧은뜨기 9, (안 보이게 코줄이기 1, 짧은뜨기 18) × 2, 안 보이게 코줄이기 1, 짧은뜨기 9 [57코]

32단: (짧은뜨기 17, 안 보이게 코줄이기 1) × 3 [54코]

33단: 짧은뜨기 8, (안 보이게 코줄이기 1, 짧은뜨기 16) × 2, 안 보이게 코줄이기 1, 짧은뜨기 8 [51코]

34단: (짧은뜨기 15, 안 보이게 코줄이기 1) × 3 [48코]

35단: 짧은뜨기 7, (안 보이게 코줄이기 1, 짧은뜨기 14) × 2, 안 보이게 코줄이기 1, 짧은뜨기 7 [45코]

36단: (짧은뜨기 13, 안 보이게 코줄이기 1) × 3 [42코]

37단: 짧은뜨기 6, (안 보이게 코줄이기 1, 짧은뜨기 12) × 2, 안 보이게 코줄이기 1, 짧은뜨기 6 [39코]

38단: (짧은뜨기 11, 안 보이게 코줄이기 1) × 3 [36코]

꼬리실을 길게 남기고 끊는다.

> Note: 충전재가 단단히 채워져 있는지 확인한다. 너무 부드러우면 조립 및 자수 과정에서 손상될 수 있다.

머리 실: 진파란색, 연베이지색 / 코바늘 1.5mm

1단: 진파란색. 매직링에 짧은뜨기 6 [6코]

2단: 코늘리기 6 [12코]

3단: (짧은뜨기 1, 코늘리기 1) × 6 [18코]

4단: 짧은뜨기 1, (코늘리기 1, 짧은뜨기 2) × 5, 코늘리기 1, 짧은뜨기 1 [24코]

5단: (짧은뜨기 3, 코늘리기 1) × 6 [30코]

6단: 짧은뜨기 2, (코늘리기 1, 짧은뜨기 4) × 5, 코늘리기 1, 짧은뜨기 2 [36코]

7단: (짧은뜨기 5, 코늘리기 1) × 6 [42코]

8단: 짧은뜨기 3, (코늘리기 1, 짧은뜨기 6) × 5, 코늘리기 1, 짧은뜨기 3 [48코]

9단: (짧은뜨기 7, 코늘리기 1) × 6 [54코]

10단: 짧은뜨기 4, (코늘리기 1, 짧은뜨기 8) × 5, 코늘리기 1, 짧은뜨기 4 [60코]

11~13단: 짧은뜨기 60 [60코]

14단: (짧은뜨기 9, 코늘리기 1) × 6 [66코]

실 바꾸기: 연베이지색. 진파란색 실은 끊지 않고 그대로 둔다.

15단: 뒷고리 이랑뜨기로 빼뜨기 66 [66코]

14~15단 코의 뒷고리에 동시에 실을 걸어 다음 단을 뜬다.(사진 1-2)

16단: 짧은뜨기 66 [66코]

17단: (짧은뜨기 10, 코늘리기 1) × 6 [72코]

18~30단: 짧은뜨기 72 [72코]

31단: 짧은뜨기 5, (안 보이게 코줄이기 1, 짧은뜨기 10) × 5, 안 보이게 코줄이기 1, 짧은뜨기 5 [66코]

14~15단의 뒷고리 사슬코에 다음 단을 뜬다. 실을 끊지 않고 14단으로 돌아가 계속 뜬다. 머리의 열린 부분이 자신을 향하도록 잡고 진파란색 실을 끌어와 14단의 뜨지 않은 코의 앞쪽 고리에서 시작한다.

1단: 앞고리 이랑뜨기로 짧은뜨기 66 [66코]

2~3단: (앞걸어뜨기로 한길긴뜨기 1, 뒤걸어뜨기로 한길긴뜨기 1) × 33 [66코](사진 3-4)

실을 끊고 정리한다. 머리 부분으로 돌아간다.

32단: (짧은뜨기 9, 안 보이게 코줄이기 1) × 6 [60코]

33단: 짧은뜨기 4, (안 보이게 코줄이기 1, 짧은뜨기 8) × 5, 안 보이게 코줄이기 1, 짧은뜨기 4 [54코]

34단: (짧은뜨기 7, 안 보이게 코줄이기 1) × 6 [48코]

충전재를 계속 채우면서 뜬다.

35단: 짧은뜨기 3, (안 보이게 코줄이기 1, 짧은뜨기 6) × 5, 안 보이게 코줄이기 1, 짧은뜨기 3 [42코]

36단: (짧은뜨기 5, 안 보이게 코줄이기 1) × 6 [36코]

37단: 뒷고리 이랑뜨기로 작업한다. 짧은뜨기 2, (안 보이게 코줄이기 1, 짧은뜨기 4) × 5, 안 보이게 코줄이기 1, 짧은뜨기 2 [30코]

38단: (짧은뜨기 3, 안 보이게 코줄이기 1) × 6 [24코]

39단: 짧은뜨기 1, (안 보이게 코줄이기 1, 짧은뜨기 2) × 5, 안 보이게 코줄이기 1, 짧은뜨기 1 [18코]

충전재를 단단하게 채운다.

40단: (안 보이게 코줄이기 1, 짧은뜨기 1) × 6 [12코]

41단: 안 보이게 코줄이기 6 [6코]

꼬리실을 길게 남기고 끊는다. 바늘을 사용하여 꼬리실을 앞쪽 사슬코에 엮고 단단히 당겨 정리한다. 머리의 36단 남은 앞쪽 사슬코를 사용하여 머리를 몸에 바느질하여 고정한다.

오른쪽 팔   실: 연베이지색 / 코바늘 1.5mm

1단: 매직링에 짧은뜨기 5 [5코]

2단: 코늘리기 5 [10코]

3단: 짧은뜨기 10 [10코]

4단: 짧은뜨기 4, 한길긴뜨기 5코 버블 스티치 1, 짧은뜨기 5 [10코]

5~31단: 짧은뜨기 10 [10코]

팔의 아랫부분만 충전재를 채워서 바느질 후 팔이 너무 튀어나오지 않도록 한다. 마지막 코가 엄지 손가락의 반대쪽이 되도록 짧은뜨기를 추가하거나 줄인다. 팔을 평평하게 하고 다음 단에서 두 겹을 겹쳐 작업한다.

32단: 짧은뜨기 5 [5코]

꼬리실을 길게 남기고 끊는다.

왼쪽 팔   실: 진회색, 연베이지색 / 코바늘 1.5mm

Note: 왼쪽과 오른쪽 팔은 다르게 작업한다. 게리의 왼손에는 후크가 있는데, 만약 그게 싫다면 오른쪽 팔과 같은 방법으로 만들어도 좋다. 후크가 달린 왼손을 만들고 싶다면 다음의 지침대로 뜬다.

1단: 진회색. 매직링에 짧은뜨기 5 [5코]

매직링을 너무 세게 당기지 말고, 나중에 후크를 삽입할 수 있도록 작은 구멍을 남겨둔다.

2단: 코늘리기 5 [10코]

3~5단: 짧은뜨기 10 [10코]

후크를 매직링에 넣고 안쪽에 플라스틱 와셔로 고정한다. 안전 눈을 사용할 때와 같은 방식이다.(사진 5) 만약 와셔로 후크를 고정할 수 없다면, 글루건을 사용한다.

6단: 뒷고리 이랑뜨기로 짧은뜨기 10 [10코]

7단: 스파이크 스티치 10 [10코]

실 바꾸기: 연베이지색

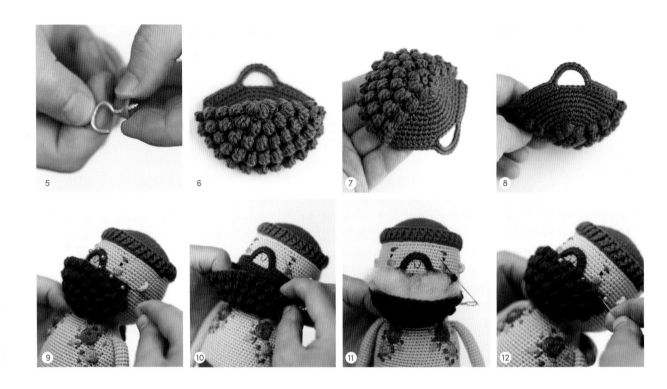

Note: 실을 바꾸는 지점이 팔의 안쪽에 있는지 확인한다. 몇 개의 짧은뜨기를 추가하거나 줄여 마지막 지점을 맞춘다.

8단: 뒷고리 이랑뜨기로 짧은뜨기 10 [10코]

9~27단: 짧은뜨기 10 [10코]

팔의 아랫부분만 충전재를 채워서 바느질 후 팔이 너무 튀어나오지 않도록 한다. 팔을 평평하게 하고 다음 단에서 두 겹을 겹쳐 작업한다.

28단: 짧은뜨기 5 [5코]

꼬리실을 길게 남기고 끊는다. 몸의 32~33단 사이에 팔을 바느질하여 고정한다.

수염 & 콧수염 실: 진회색 / 코바늘 1.75mm

1단: 매직링에 짧은뜨기 6 [6코]

2단: (한길긴뜨기 5코 버블 스티치 1, 사슬뜨기 1) × 6 [12코]

3단: 코늘리기 12 [24코]

4단: (한길긴뜨기 5코 버블 스티치 1, 짧은뜨기 1) × 7, 짧은뜨기 10 [24코]

5단: (짧은뜨기 1, 코늘리기 1) × 12 [36코]

6단: (한길긴뜨기 5코 버블 스티치 1, 짧은뜨기 1) × 10, 짧은뜨기 16 [36코]

7단: 짧은뜨기 1, (코늘리기 1, 짧은뜨기 2) × 11, 코늘리기 1, 짧은뜨기 1 [48코]

8단: (한길긴뜨기 5코 버블 스티치 1, 짧은뜨기 1) × 13, 짧은뜨기 22 [48코]

9단: 짧은뜨기 48 [48코]

10단: (한길긴뜨기 5코 버블 스티치 1, 짧은뜨기 1) × 13, 짧은뜨기 22 [48코]

나머지 코는 남겨둔다. 콧수염을 이어서 뜬다. 매끈한 면(마지막 22코)을 따라 작업한다.

1단: 사슬뜨기 1, 뒤집기, 짧은뜨기 8, 빼뜨기 1, 사슬뜨기 10, 건너뛰기 4, 빼뜨기 1, 짧은뜨기 8, 사슬뜨기 1, 뒤집기 [18코+사슬 10]

Note: 2단의 콧수염을 뜰 때 사슬코 고리 하나가 아니라 사슬코 아래에 코바늘을 넣어서 떠야 뜨개가 사슬코를 감쌀 수 있다.(30쪽 마마의 지갑, 사진 10-11 참조)

2단: 짧은뜨기 8, 건너뛰기 1, 사슬 10코에 짧은뜨기 16, 건너뛰기 1, 짧은뜨기 7, 빼뜨기 1 [32코]

실을 끊고 정리한다. (사진 6-8)

> Note: 완성된 수염은 손잡이가 달린 식료품 봉지처럼 보여야 한다.

마무리하기

- 수염의 매끄러운 면을 머리 중앙에 핀으로 고정한다. 수염의 윗부분이 모자 가장자리보다 8단 정도 아래에 있도록 한다. 콧수염을 아치 모양으로 만들고 핀으로 고정한다.
- 수염을 머리에 꿰매지 않은 상태에서 얼굴 모양을 먼저 수놓는다.
  > Note: 나중에 할 수 있지만, 수염의 위치를 먼저 잡아 놓고 이 단계에서 얼굴을 자수하는 것이 더 편리하다.
- 마커나 핀을 사용하여 먼저 눈, 눈썹, 입, 뺨의 위치를 표시한다.
- 눈은 진회색 또는 검은색 자수실 1~2가닥을 사용하여 수놓는다. 모자 가장자리에서 5단 아래, 수염의 각 사슬뜨기 측면에서 4~5코 떨어진 곳에 15~17코 간격을 두고 배치한다.
- 분홍색 자수실을 사용하여 눈 아래에 뺨을 수놓는다.
- 두 번째로 수염의 윗부분을 꿰맨다. 진회색 실을 가닥으로 나누고 2가닥으로 수염의 윗부분과 콧수염만 제자리에 꿰맨다. 나머지 수염은 꿰매지 않는다. (사진 9-10)
- 바구니 모양의 수염 안에 약간의 속을 넣고 수염의 위쪽 가장자리를 매끄러운 면 위에 고정하여 수염을 접는다. (사진 11-12) 진회색 2가닥을 더 사용하여 수염을 깔끔하게 꿰맨다. 수염의 아랫부분은 꿰매지 않아도 된다.

귀(2개) 실: 연베이지색 / 코바늘 1.5mm

실을 길게 남기고 시작한다.

1단: 매직링에 짧은뜨기 5 [5코]

매직링을 단단하게 닫아 고정하고 꼬리실을 길게 남기고 끊는다. 모자 가장자리 6~7단 아래, 머리 양쪽에 귀를 바느질하여 고정한다. 한쪽 귀에 작은 구슬을 꿰매어 귀걸이를 달아준다.

타투

> Note: 타투가 겉에서 보이진 않지만, 힙스터 비건인 게리에겐 필수적인 요소이다.

- 마커로 게리의 가슴에 꽃을 몇 개 그린다. (사진 13)

- 다른 색깔의 실을 사용하여 직선 땀과 프렌치 매듭을 수놓는다. 실 가닥을 나누어 1~2가닥을 사용한다.
- 큰 꽃을 만들려면 중앙 지점에서 시작하여 눈송이 모양으로 5~6개의 직선을 수놓는다. 그런 다음 바구니 바닥을 엮을 때와 같은 방식으로 직선 땀의 위, 아래로 돌아가며 실을 감는다. 중앙에 작은 프렌치 매듭을 몇 개 추가한다. (사진 14-19)

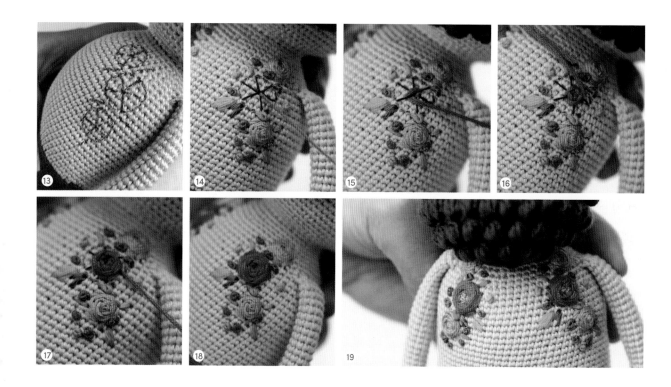

청바지 실: 파란색 / 코바늘 1.75mm

Note: 게리의 청바지는 파파의 바지와 그랜파의 반바지와 비슷하다. 윗부분부터 시작해서 두 부분으로 나누어 바지 다리를 만든다.

사슬뜨기 66. 첫 코에 빼뜨기하여 원 모양을 만든다.

1단: 짧은뜨기 66 [66코]

Note: 옷을 입혀본다. 허리띠가 몸에 잘 맞아야 한다. 너무 꽉 끼면 더 큰 코바늘로, 너무 느슨하면 작은 코바늘로 바꾼다.

2단: (짧은뜨기 10, 코늘리기 1) × 6 [72코]

3~16단: 짧은뜨기 72 [72코]

편물을 평평하게 펴서 바지 다리마다 36코로 나눈다. 첫 번째 바지 다리에 계속 이어 뜬다.

17단: 짧은뜨기 36, 건너뛰기 36 [36코]

17단의 짧은뜨기 36코에 계속 이어 뜬다.

18~19단: 짧은뜨기 36 [36코]

20단: 짧은뜨기 5, (안 보이게 코줄이기 1, 짧은뜨기 10) × 2, 안 보이게 코줄이기 1, 짧은뜨기 5 [33코]

21~22단: 짧은뜨기 33 [33코]

23단: (짧은뜨기 9, 안 보이게 코줄이기 1) × 3 [30코]

24~25단: 짧은뜨기 30 [30코]

26단: 짧은뜨기 4, (안 보이게 코줄이기 1, 짧은뜨기 8) × 2, 안 보이게 코줄이기 1, 짧은뜨기 4 [27코]

27~28단: 짧은뜨기 27 [27코]

29단: (짧은뜨기 7, 안 보이게 코줄이기 1) × 3 [24코]

30~31단: 짧은뜨기 24 [24코]

짧은뜨기를 몇 개 추가하여 마지막 코를 바지 다리 안쪽으로 옮긴다. 실을 끊고 고정한다. 16단의 뜨지 않은 36코 부분에 두 번째 다리를 뜬다. 16단에서 파란색 실을 끌어와 이어 뜬다.

17단: 짧은뜨기 36 [36코]

18~19단: 짧은뜨기 36 [36코]

20단: 짧은뜨기 5, (안 보이게 코줄이기 1, 짧은뜨기 10) × 2, 안 보이게 코줄이기 1, 짧은뜨기 5 [33코]

21~22단: 짧은뜨기 33 [33코]

23단: (짧은뜨기 9, 안 보이게 코줄이기 1) × 3 [30코]

24~25단: 짧은뜨기 30 [30코]

26단: 짧은뜨기 4, (안 보이게 코줄이기 1, 짧은뜨기 8) × 2, 안 보이게 코줄이기 1, 짧은뜨기 4 [27코]

27~28단: 짧은뜨기 27 [27코]

29단: (짧은뜨기 7, 안 보이게 코줄이기 1) × 3 [24코]

30~31단: 짧은뜨기 24 [24코]

실을 끊고 고정한다.

추가: 허리띠 부분을 단단하게 하기 위해 청바지 1단 부분에 짧은뜨기 66코를 더 뜬다. 실을 끊고 정리한다.

오버핏 힙스터 셔츠 실: 연보라색, 베이지색 / 코바늘 1.75mm

Note: 게리의 셔츠는 그랜파의 셔츠와 비슷하다.(54쪽 사진 20-23) 셔츠를 입혔을 때 윗부분은 약간 꽉 조여야 하고(타투가 보일 수 있도록) 가슴 아래는 약간 느슨해야 한다(단추를 끼울 수 있도록). 하지만 너무 느슨해서는 안 된다. 병원 가운이 아니라 셔츠를 원하기 때문이다. 크거나 작은 코바늘을 사용하여 코를 조이거나 느슨하게 할 수 있다.

연보라색. 사슬뜨기 43

1단: 2번째 코에서 시작하여 짧은뜨기 42, 사슬뜨기 2, 뒤집기 [42코]

실 바꾸기: 베이지색

2단: 긴뜨기 42, 사슬뜨기 2, 뒤집기 [42코]

3단: (긴뜨기 5, 긴뜨기로 코줄이기 1) × 6, 사슬뜨기 1, 뒤집기 [36코]

4단: 짧은뜨기 36, 사슬뜨기 2, 뒤집기 [36코]

칼라가 목에 잘 맞는지 확인한다.

5단: (긴뜨기 6, 긴뜨기로 코늘리기 1, 긴뜨기 4, 긴뜨기로 코늘리기 1, 긴뜨기 6) × 2, 사슬뜨기 2, 뒤집기 [40코]

실 바꾸기: 연보라색

6단: (긴뜨기 6, 긴뜨기로 코늘리기 2, 긴뜨기 4, 긴뜨기로 코늘리기 2, 긴뜨기 6) × 2, 사슬뜨기 2, 뒤집기 [48코]

실 바꾸기: 베이지색

7단: (긴뜨기 6, 긴뜨기로 코늘리기 2, 긴뜨기 8, 긴뜨기로 코늘리기 2, 긴뜨기 6) × 2, 사슬뜨기 2, 뒤집기 [56코]

8단: (긴뜨기 6, 긴뜨기로 코늘리기 2, 긴뜨기 12, 긴뜨기로 코늘리기 2, 긴뜨기 6) × 2, 사슬뜨기 2, 뒤집기 [64코]

9단: 긴뜨기 3, 긴뜨기로 코늘리기 2, 긴뜨기 3, 사슬뜨기 8, 건너뛰기 10(암홀. 팔을 빼는 구멍), 긴뜨기 28, 사슬뜨기 8, 건너뛰기 10(암홀. 팔을 빼는 구멍), 긴뜨기 3, 긴뜨기로 코늘리기 2, 긴뜨기 3, 사슬뜨기 2, 뒤집기 [48코+사슬 16코]

실 바꾸기: 연보라색

10단: 긴뜨기 10, 사슬코에 긴뜨기 8, 긴뜨기 3, (긴뜨기로 코늘리기 1, 긴뜨기 6) × 3, 긴뜨기로 코늘리기 1, 긴뜨기 3, 사슬코에 긴뜨기 8, 긴뜨기 10, 사슬뜨기 2, 뒤집기 [68코]

실 바꾸기: 베이지색

11단: 긴뜨기 8, (긴뜨기로 코늘리기 1, 긴뜨기 16) × 3, 긴뜨기로 코늘리기 1, 긴뜨기 8, 사슬뜨기 2, 뒤집기 [72코]

12~13단: 긴뜨기 72, 사슬뜨기 2, 뒤집기 [72코]

실 바꾸기: 연보라색
14단: 긴뜨기 72, 사슬뜨기 2, 뒤집기 [72코]
실 바꾸기: 베이지색
15~17단: 긴뜨기 72, 사슬뜨기 2, 뒤집기 [72코]
실 바꾸기: 연보라색
18단: 긴뜨기 72, 사슬뜨기 2, 뒤집기 [72코]
실 바꾸기: 베이지색
19~21단: 긴뜨기 72, 사슬뜨기 2, 뒤집기 [72코]
실 바꾸기: 연보라색
22단: 긴뜨기 72, 사슬뜨기 2, 뒤집기 [72코]
실 바꾸기: 베이지색
23단: 긴뜨기 72, 사슬뜨기 2, 뒤집기 [72코]
24단: 긴뜨기 72 [72코]
실을 끊고 정리한다.

소매(2개) 실: 베이지색, 연보라색 / 코바늘 1.75mm
암홀 하단 중앙에서 베이지색 실을 끌어온다.(54쪽 사진 23 참조)
1단: 짧은뜨기 4, 암홀 옆 지점에 짧은뜨기 1, 짧은뜨기 2, 긴뜨기 6, 짧은뜨기 2, 암홀 옆 지점에 짧은뜨기 1, 짧은뜨기 4 [20코]
실 바꾸기: 연보라색
2단: 짧은뜨기 7, 긴뜨기 6, 짧은뜨기 7 [20코]
실 바꾸기: 베이지색
3~5단: 긴뜨기 20 [20코]
실 바꾸기: 연보라색
6단: 긴뜨기 20 [20코]
실 바꾸기: 베이지색
7단: 짧은뜨기 20 [20코]
8단: 빼뜨기 20 [20코]
실을 끊고 정리한다. 반대쪽 소매도 같은 방법으로 뜬다.
셔츠의 22, 18, 14, 10단에 작은 단추를 꿰맨다. 셔츠의 반대쪽에 있는 코를 단춧구멍으로 사용한다.

요요

달마시안 요요는 게리의 작은 도우미입니다.
가장 좋아하는 일은 두더지를 쫓아서
게리의 정원을 망치지 않도록 하는 것입니다.
그는 맛있는 간식을 좋아하고, 간식을 얻기 위해
어떤 일이든 열심히 하지요.

난이도
★

완성 작품 크기
12.5 cm

재료 및 도구
- 실
  • 흰색
  • 파란색
  • 진회색
  • 회색
- 코바늘 1.5mm
- 검은색 자수실
- 자수용 바늘
- 돗바늘
- 핀
- 플라스틱 또는 판지 조각(45*45mm)
- 마커
- 충전재

 www.amigurumi.com/3908
사이트에 작품을 올려보세요. 다른 작품을
통해 영감을 얻을 수 있어요.

머리 실: 흰색 / 코바늘 1.5mm
1단: 매직링에 짧은뜨기 6 [6코]
2단: 코늘리기 6 [12코]
3단: (짧은뜨기 3, 코늘리기 1) × 3 [15코]
4단: 짧은뜨기 2, (코늘리기 1, 짧은뜨기 4) × 2, 코늘리기 1, 짧은뜨기 2 [18코]
5~6단: 짧은뜨기 18 [18코]
7단: 코늘리기 6, 짧은뜨기 12 [24코]
8단: (코늘리기 1, 짧은뜨기 1) × 6, 짧은뜨기 12 [30코]
9단: 짧은뜨기 1, (코늘리기 1, 짧은뜨기 2) × 5, 코늘리기 1, 짧은뜨기 13 [36코]
충전재를 계속 채우면서 뜬다.
10~19단: 짧은뜨기 36 [36코]
20단: 짧은뜨기 2, (안 보이게 코줄이기 1, 짧은뜨기 4) × 5, 안 보이게 코줄이기 1, 짧은뜨기 2 [30코]
21단: (짧은뜨기 3, 안 보이게 코줄이기 1) × 6 [24코]
22단: 짧은뜨기 1, (안 보이게 코줄이기 1, 짧은뜨기 2) × 5, 안 보이게 코줄이기 1, 짧은뜨기 1 [18코]
23단: (짧은뜨기 1, 안 보이게 코줄이기 1) × 6 [12코]
충전재를 단단하게 채운다.
24단: 안 보이게 코줄이기 6 [6코]
꼬리실을 길게 남기고 끊는다. 바늘을 사용하여 꼬리실을 앞쪽 사슬코에 엮고 단단히 당겨 정리한다.

몸 실: 흰색, 파란색 / 코바늘 1.5mm
1단: 흰색. 매직링에 짧은뜨기 6 [6코]
2단: 코늘리기 6 [12코]
3단: (짧은뜨기 1, 코늘리기 1) × 6 [18코]
4단: 짧은뜨기 1, (코늘리기 1, 짧은뜨기 2) × 5, 코늘리기 1, 짧은뜨기 1 [24코]
5단: (짧은뜨기 3, 코늘리기 1) × 6 [30코]
6단: 짧은뜨기 2, (코늘리기 1, 짧은뜨기 4) × 5, 코늘리기 1, 짧은뜨기 2 [36코]
7단: (짧은뜨기 5, 코늘리기 1) × 6 [42코]
8단: 짧은뜨기 3, (코늘리기 1, 짧은뜨기 6) × 5, 코늘리기 1, 짧은뜨기 3 [48코]

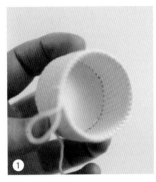
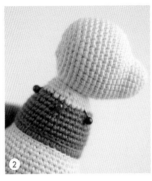
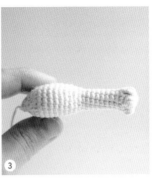
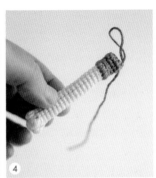

9단: 뒷고리 이랑뜨기로 짧은뜨기 48 [48코]

플라스틱이나 판지 조각으로 둥근 모양을 잘라낸다. 방금 뜨개질한 몸의 바닥보다 조금 작게 만든다.

> Note: 이 부분을 채우는 동안 둥근 모양으로 변하지 않도록 하는 것이 중요하다. 개가 한쪽으로 굴러가는 대신 앉게 하려면 바닥이 평평해야 한다.

10~20단: 짧은뜨기 48 [48코]

플라스틱이나 판지 조각을 넣는다.(사진 1)

21단: 짧은뜨기 7, (안 보이게 코줄이기 1, 짧은뜨기 14) × 2, 안 보이게 코줄이기 1, 짧은뜨기 7 [45코]

22단: (짧은뜨기 13, 안 보이게 코줄이기 1) × 3 [42코]

23단: 짧은뜨기 6, (안 보이게 코줄이기 1, 짧은뜨기 12) × 2, 안 보이게 코줄이기 1, 짧은뜨기 6 [39코]

24단: (짧은뜨기 11, 안 보이게 코줄이기 1) × 3 [36코]

실 바꾸기: 파란색

25단: 뒷고리 이랑뜨기로 짧은뜨기 36 [36코]

26단: 스파이크 스티치 36 [36코]

27단: 뒷고리 이랑뜨기로 짧은뜨기 36 [36코]

28~30단: 짧은뜨기 36 [36코]

31단: 짧은뜨기 5, (안 보이게 코줄이기 1, 짧은뜨기 10) × 2, 안 보이게 코줄이기 1, 짧은뜨기 5 [33코]

32단: (짧은뜨기 9, 안 보이게 코줄이기 1) × 3 [30코]

33단: 짧은뜨기 4, (안 보이게 코줄이기 1, 짧은뜨기 8) × 2, 안 보이게 코줄이기 1, 짧은뜨기 4 [27코]

실 바꾸기: 흰색

34단: (짧은뜨기 7, 안 보이게 코줄이기 1) × 3 [24코]

35단: 짧은뜨기 3, (안 보이게 코줄이기 1, 짧은뜨기 6) × 2, 안 보이게 코줄이기 1, 짧은뜨기 3 [21코]

36단: (짧은뜨기 5, 안 보이게 코줄이기 1) × 3 [18코]

빼뜨기한 후 실을 끊고 고정한다. 몸에 충전재를 단단히 채운다. 몸을 머리의 13~20단에 바느질하여 고정한다.(사진 2)

뒷다리(2개) 실: 흰색 / 코바늘 1.5mm

1단: 매직링에 짧은뜨기 5 [5코]

2단: 코늘리기 5 [10코]

3단: 짧은뜨기 2, (한길긴뜨기 3코 버블 스티치 1, 짧은뜨기 1) × 3, 짧은뜨기 2 [10코]

4~12단: 짧은뜨기 10 [10코]

13단: (짧은뜨기 1, 코늘리기 1) × 5 [15코]

14단: 짧은뜨기 2, (코늘리기 1, 짧은뜨기 4) × 2, 코늘리기 1, 짧은뜨기 2 [18코]

15단: (짧은뜨기 5, 코늘리기 1) × 3 [21코]

16단: 짧은뜨기 3, (코늘리기 1, 짧은뜨기 6) × 2, 코늘리기 1, 짧은뜨기 3 [24코]

다리의 좁은 부분(1~12단)에 충전재를 단단히 채운다.

17단: (짧은뜨기 7, 코늘리기 1) × 3 [27코]

18단: 짧은뜨기 4, (코늘리기 1, 짧은뜨기 8) × 2, 코늘리기 1, 짧은뜨기 4 [30코]

19~21단: 짧은뜨기 30 [30코]

22단: (짧은뜨기 3, 안 보이게 코줄이기 1) × 6 [24코]

23단: 짧은뜨기 1, (안 보이게 코줄이기 1, 짧은뜨기 2) × 5, 안 보이게

코줄이기 1, 짧은뜨기 1 [18코]

24단: (짧은뜨기 1, 안 보이게 코줄이기 1) × 6 [12코]

다리(엉덩이)의 넓은 부분에 충전재를 가볍게 채운다. 부드럽고 편평해야 한다.

25단: 안 보이게 코줄이기 6 [6코](사진 3)

꼬리실을 길게 남기고 끊는다. 바늘을 사용하여 꼬리실을 앞쪽 사슬코에 엮고 단단히 당겨 정리한다. 뒷다리는 일단 남겨둔다.

> Note: 네 개의 다리가 모두 완성되면 전체 균형을 맞춰 바느질을 시작하기가 더 쉽다.

앞다리(2개)　실: 흰색, 파란색 / 코바늘 1.5mm

1단: 흰색. 매직링에 짧은뜨기 6 [6코]

2단: (코늘리기 1, 짧은뜨기 1) × 3 [9코]

3단: (한길긴뜨기 3코 버블 스티치 1, 짧은뜨기 1) × 3, 짧은뜨기 3 [9코]

4~20단: 짧은뜨기 9 [9코]

실 바꾸기: 파란색

21단: 뒷고리 이랑뜨기로 짧은뜨기 9 [9코]

22단: 스파이크 스티치 9 [9코]

23단: 뒷고리 이랑뜨기로 짧은뜨기 9 [9코]

24단: 짧은뜨기 9 [9코]

다리의 아랫부분(1~17단)에 충전재를 채운다. 짧은뜨기를 몇 개 추가하거나 줄여서 마지막 코를 다리 옆쪽으로 옮긴다. 다리를 평평하게 하고 다음 단에서 두 겹을 겹쳐 뜬다.(사진 4)

25단: 짧은뜨기 4 [4코]

꼬리실을 길게 남기고 끊는다. 다리 4개를 몸에 고정하고, 앉은 자세가 균형을 이루도록 한다.

- 앞다리 소매의 가장자리를 스웨터 가장자리와 맞춘다.
- 앞다리 사이의 거리는 8코 정도로 잡는다.
- 뒷다리의 엉덩이 부분만 몸에 바느질한다. 실 끝을 1가닥으로 나누어 다리를 제자리에 깔끔하게 바느질한다.

귀(2개)　실: 진회색, 회색 / 코바늘 1.5mm

진회색 1개, 회색 1개.

1단: 매직링에 짧은뜨기 6 [6코]

2단: (코늘리기 1, 짧은뜨기 1) × 3 [9코]

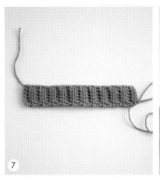

3단: 짧은뜨기 1, (코늘리기 1, 짧은뜨기 2) × 2, 코늘리기 1, 짧은뜨기 1 [12코]

4단: (짧은뜨기 3, 코늘리기 1) × 3 [15코]

5단: 짧은뜨기 2, (코늘리기 1, 짧은뜨기 4) × 2, 코늘리기 1, 짧은뜨기 2 [18코]

6단: (짧은뜨기 5, 코늘리기 1) × 3 [21코]

7단: 짧은뜨기 3, (코늘리기 1, 짧은뜨기 6) × 2, 코늘리기 1, 짧은뜨기 3 [24코]

8~9단: 짧은뜨기 24 [24코]

귀는 충전재를 채우지 않는다. 귀를 평평하게 펴고, 다음 단에서 두 겹을 겹쳐 뜬다.

10단: 짧은뜨기 12 [12코]

꼬리실을 길게 남기고 끊는다. 11~22단 사이에 13코 간격을 두고 머리 옆에 귀를 바느질하여 고정한다. (사진 5)

꼬리 실: 흰색 / 코바늘 1.5mm

1단: 매직링에 짧은뜨기 4 [4코]

2단: (코늘리기 1, 짧은뜨기 1) × 2 [6코]

3~5단: 짧은뜨기 6 [6코]

6단: 코늘리기 1, 짧은뜨기 5 [7코]

7~8단: 짧은뜨기 7 [7코]

9단: 코늘리기 1, 짧은뜨기 6 [8코]

10~11단: 짧은뜨기 8 [8코]

12단: 코늘리기 1, 짧은뜨기 7 [9코]

13단: 짧은뜨기 9 [9코]

꼬리실을 길게 남기고 끊는다. 꼬리는 충전재를 채우지 않는다. 꼬리를 몸 뒤쪽 10~12단 사이 중앙에 바느질하여 고정한다. (사진 6)

칼라 실: 파란색 / 코바늘 1.5mm

사슬뜨기 7

1단: 2번째 코에서 시작하여 긴뜨기 6, 사슬뜨기 1, 뒤집기 [6코]

2단: 긴뜨기 1, 뒷고리 이랑뜨기로 긴뜨기 4, 긴뜨기 1, 사슬뜨기 1, 뒤집기 [6코]

3~22단: 2단의 방법으로 반복하여 뜬다. [6코]

꼬리실을 길게 남기고 끊는다. (사진 7) 칼라를 목에 두르고 끝을 꿰맨다. (사진 8)

얼룩점 1 실: 회색 / 코바늘 1.5mm

사슬뜨기 4. 기초 사슬코의 양쪽을 따라 뜬다.

1단: 2번째 사슬코에서 시작하여 짧은뜨기 2, 다음 코에 짧은뜨기 3. 기초 사슬코의 반대쪽 고리에 짧은뜨기 1, 코늘리기 1 [8코]

2단: 코늘리기 1, 짧은뜨기 1, 코늘리기 3, 짧은뜨기 1, 코늘리기 2 [14코]

빼뜨기한 후 실을 끊고 정리한다. 회색 실 1가닥을 사용하여 스웨터 밑단 아래에 7~12단 사이 얼굴 왼쪽에 빼뜨기로 고정한다.

얼룩점 2 실: 회색 / 코바늘 1.5mm

1단: 매직링에 짧은뜨기 6 [6코]

2단: 코늘리기 6 [12코]

빼뜨기하고 실을 끊고 정리한다. 회색 실 1가닥을 사용하여 스웨터 밑단 아래로 2단 위치에 바느질하여 고정한다.

마무리하기

- 검은색 실 1~2가닥을 사용하여 주둥이 2단에 삼각형 모양으로 코를 수놓는다.
- 마커나 재봉핀을 사용하여 먼저 눈, 눈썹의 위치를 표시한다. 검은색 실 1~2가닥을 사용하여 눈에 프렌치 매듭을 만든다. 검은색 실 1~2가닥을 사용하여 눈썹 2개를 직선 스티치로 수놓는다.
- 흰색 실을 사용하여 개의 스웨터 앞다리 사이에 귀여운 작은 뼈 무늬를 수놓는다.

- 앞다리에 2코 길이의 가로선을 수놓은 다음, 각 사슬뜨기 끝에 프렌치 매듭 2개를 자수한다.
- 검은색, 진회색, 회색 실을 사용하여 개의 몸, 머리, 다리의 적당한 위치에 수놓는다. 프렌치 매듭, 백 스티치 등을 사용하면 실패하지 않고 재미도 있다!

마야

똑똑하고 꾀가 많은 마야는 룰라의
가장 친한 친구입니다. 룰라네 옆집에
살고 있으며, 룰라와 뒷마당에서 함께 놀며
자랐습니다! 마야는 수많은 책으로 요새를 짓고
룰라와 함께 티타임을 갖는 것을 좋아합니다.

난이도

★★

완성 작품 크기
20.5 cm

재료 및 도구
- 실
  • 갈색
  • 진노랑색
  • 겨자색
  • 초록색
  • 하늘색
  • 진회색
  • 흰색
  • 분홍색(조금)
  • 보라색(조금)
- 코바늘 1.5mm
- 검은색, 진분홍색 자수실
- 자수용 바늘
- 돗바늘
- 핀
- 발을 지탱하기 위한 단추 2개(1.4cm)
- 마커
- 충전재

www.amigurumi.com/3909
사이트에 작품을 올려보세요. 다른 작품을
통해 영감을 얻을 수 있어요.

다리(2개)　실: 진노랑색, 갈색 / 코바늘 1.5mm

　Note: 마야는 그랜마의 바지와 같은 방식으로 만든 반바지를 입고 있다.
여기서는 다리와 반바지 다리를 따로 뜨개질하는 것으로 시작한다. 반바
지 다리를 다리에 직접 부착한 다음 반바지 다리를 함께 연결하여 몸을
만든다.

1단: 진노랑색. 매직링에 짧은뜨기 6 [6코]

2단: 코늘리기 6 [12코]

3단: (짧은뜨기 1, 코늘리기 1) × 6 [18코]

4단: 뒷고리 이랑뜨기로 짧은뜨기 18 [18코]

5단: 짧은뜨기 18 [18코]

　Note: 이때 발 안쪽에 평평한 단추를 넣는다. 귀여운 작은 발굽과 같은 모
양을 만들려면 밑창을 평평하게 유지하는 것이 중요하다.

6단: (안 보이게 코줄이기 1, 짧은뜨기 1) × 6 [12코]

실 바꾸기: 갈색

충전재를 단단히 채우면서 뜬다.

7~26단: 짧은뜨기 12 [12코]

27단: (짧은뜨기 1, 코늘리기 1) × 6 [18코]

28단: 짧은뜨기 1, (코늘리기 1, 짧은뜨기 2) × 5, 코늘리기 1, 짧은뜨기 1
[24코]

실을 끊고 정리한다. 충전재가 단단하게 채워졌
는지 확인한다. 다리는 남겨두고, 반바지 다리를
만든다.

반바지 다리(2개)　실: 겨자색 / 코바늘 1.5mm

실을 길게 남기고 시작한다. 나중에 반바지 다리
부분을 한 번 더 뜰 때 사용한다.

사슬뜨기 24. 첫 코에 빼뜨기하여 원 모양을 만
든다.

1단: 짧은뜨기 24 [24코]

2~6단: 짧은뜨기 24 [24코]

실을 끊지 않고 남겨둔다.

• 1단으로 돌아가서 처음에 남겨둔 실을 사용하여 반바지 다리 아랫부분
을 따라 빼뜨기한다. 실을 끊고 정리한다.

• 반바지 다리를 다리 위에 놓고 가장자리를 정렬한다. 다음 단에서는 다
리와 반바지 다리를 함께 연결한다.

7단: 두 코를 겹쳐 짧은뜨기 24 [24코]

꼬리실을 길게 남기고 끊는다. 두 번째 다리와 반바지 다리도 같은 방식으로 하되, 고정하지 않는다. 다음 단에서 반바지 다리를 모두 연결하고 몸을 이어서 뜬다.

몸 실: 겨자색, 하늘색, 초록색 / 코바늘 1.5mm

1단: 겨자색. 사슬뜨기 3. 첫 번째 반바지 다리에 짧은뜨기로 연결한다. 첫 번째 반바지 다리에 짧은뜨기 23, 사슬코에 짧은뜨기 3, 두 번째 반바지 다리에 짧은뜨기 24, 사슬코의 반대쪽 고리에 짧은뜨기 3 [54코]

짧은뜨기 12코를 추가하여 다음 단의 시작코를 몸 옆으로 옮기고 마커로 표시한다. 여기가 새로운 단의 시작 지점이다.

2~7단: 짧은뜨기 54 [54코]

> Note: 몸이 완성되면 충전재를 넣기 어렵다. 다리 부분이 단단히 채워졌는지 확인한다.

8단: 짧은뜨기 8, (안 보이게 코줄이기 1, 짧은뜨기 16) × 2, 안 보이게 코줄이기 1, 짧은뜨기 8 [51코]

9단: (짧은뜨기 15, 안 보이게 코줄이기 1) × 3 [48코]

10단: 짧은뜨기 7, (안 보이게 코줄이기 1, 짧은뜨기 14) × 2, 안 보이게 코줄이기 1, 짧은뜨기 7 [45코]

11단: (짧은뜨기 13, 안 보이게 코줄이기 1) × 3 [42코]

실 바꾸기: 하늘색

12단: 짧은뜨기 42 [42코]

13단: 뒷고리 이랑뜨기로 짧은뜨기 42 [42코]

14단: 짧은뜨기 42 [42코]

실 바꾸기: 초록색

15단: 짧은뜨기 42 [42코]

16단: 짧은뜨기 6, (안 보이게 코줄이기 1, 짧은뜨기 12) × 2, 안 보이게 코줄이기 1, 짧은뜨기 6 [39코]

17단: (짧은뜨기 11, 안 보이게 코줄이기 1) × 3 [36코]

18단: 짧은뜨기 5, (안 보이게 코줄이기 1, 짧은뜨기 10) × 2, 안 보이게 코줄이기 1, 짧은뜨기 5 [33코]

19단: (짧은뜨기 9, 안 보이게 코줄이기 1) × 3 [30코]

20단: 짧은뜨기 30 [30코]

꼬리실을 길게 남기고 끊는다. 충전재를 단단히 채운다.

블라우스 아랫부분 실: 하늘색, 초록색 / 코바늘 1.5mm

하늘색. 사슬뜨기 42. 첫 코에 빼뜨기하여 원 모양을 만든다.

1단: 짧은뜨기 42 [42코]

2단: 짧은뜨기 3, (코늘리기 1, 짧은뜨기 6) × 5, 코늘리기 1, 짧은뜨기 3 [48코]

> Note: 옷을 입혀본다. 블라우스의 아랫부분이 몸에 잘 맞아야 한다. 너무 꽉 조이면 더 큰 코바늘을, 너무 느슨하면 더 작은 코바늘을 사용하는 것이 좋다.

실 바꾸기: 초록색

3단: (짧은뜨기 15, 코늘리기 1) × 3 [51코]

4단: 짧은뜨기 8, (코늘리기 1, 짧은뜨기 16) × 2, 코늘리기 1, 짧은뜨기 8 [54코]

5단: (짧은뜨기 17, 코늘리기 1) × 3 [57코]

6단: 짧은뜨기 9, (코늘리기 1, 짧은뜨기 18) × 2, 코늘리기 1, 짧은뜨기 9 [60코]

7단: (짧은뜨기 19, 코늘리기 1) × 3 [63코]

8~9단: 짧은뜨기 63 [63코]

10단: 짧은뜨기 10, (코늘리기 1, 짧은뜨기 20) × 2, 코늘리기 1, 짧은뜨기 10 [66코]

11~12단: 짧은뜨기 66 [66코]

13단: 빼뜨기 66 [66코]

실을 끊고 정리한다. 블라우스 아랫부분을 몸 12단의 남은 앞 고리에 맞춰 바느질하여 연결한다.

머리 실: 갈색 / 코바늘 1.5mm

Note: 마야의 머리는 다른 인형들과 달리 머리의 대부분이 머리카락으로 덮여 있기 때문에 아래에서 위로 뜨개질을 한다. 그렇기 때문에 코줄이기 부분이 보이지 않는 것이 좋다.(코줄이기한 부분은 일반적으로 코늘리기한 부분보다 더 눈에 띈다.)

1단: 매직링에 짧은뜨기 6 [6코]

2단: 코늘리기 6 [12코]

3단: (짧은뜨기 1, 코늘리기 1) × 6 [18코]

4단: 짧은뜨기 1, (코늘리기 1, 짧은뜨기 2) × 5, 코늘리기 1, 짧은뜨기 1 [24코]

5단: (짧은뜨기 3, 코늘리기 1) × 6 [30코]

6단: 뒷고리 이랑뜨기로 작업한다. 짧은뜨기 2, (코늘리기 1, 짧은뜨기 4) × 5, 코늘리기 1, 짧은뜨기 2 [36코]

7단: (짧은뜨기 5, 코늘리기 1) × 6 [42코]

8단: 짧은뜨기 3, (코늘리기 1, 짧은뜨기 6) × 5, 코늘리기 1, 짧은뜨기 3 [48코]

9~24단: 짧은뜨기 48 [48코]

25단: 짧은뜨기 3, (안 보이게 코줄이기 1, 짧은뜨기 6) × 5, 안 보이게 코줄이기 1, 짧은뜨기 3 [42코]

26단: (짧은뜨기 5, 안 보이게 코줄이기 1) × 6 [36코]

27단: 짧은뜨기 2, (안 보이게 코줄이기 1, 짧은뜨기 4) × 5, 안 보이게 코줄이기 1, 짧은뜨기 2 [30코]

충전재를 계속 채우면서 뜬다.

28단: (짧은뜨기 3, 안 보이게 코줄이기 1) × 6 [24코]

29단: 짧은뜨기 1, (안 보이게 코줄이기 1, 짧은뜨기 2) × 5, 안 보이게

코줄이기 1, 짧은뜨기 1 [18코]

충전재를 단단하게 채운다.

30단: (안 보이게 코줄이기 1, 짧은뜨기 1) × 6 [12코]

31단: 안 보이게 코줄이기 6 [6코]

꼬리실을 길게 남기고 끊는다. 바늘을 사용하여 꼬리실을 앞쪽 사슬코에 엮고 단단히 당겨 정리한다. 꼬리실을 길게 남기고 끊는다. 머리 5단의 남은 앞쪽 코를 사용하여 머리와 몸을 함께 꿰맨다. 솔기를 닫기 전에 목과 어깨 부위에 충전재를 단단하게 채운다.(젓가락 사용)

팔(2개) 실: 갈색 / 코바늘 1.5mm

1단: 매직링에 짧은뜨기 6 [6코]

2단: (코늘리기 1, 짧은뜨기 1) × 3 [9코]

3단: 짧은뜨기 9 [9코]

4단: 짧은뜨기 4, 한길긴뜨기 4코 버블 스티치 1, 짧은뜨기 4 [9코]

5~19단: 짧은뜨기 9 [9코]

팔의 아랫부분만 충전재를 채워서 바느질 후 팔이 너무 튀어나오지 않도록 한다. 마지막 코가 엄지 손가락의 반대쪽이 되도록 짧은뜨기를 추가하거나 줄인다. 팔을 평평하게 하고 다음 단에서 두 겹을 겹쳐 작업한다.

20단: 짧은뜨기 4 [4코]

꼬리실을 길게 남기고 끊는다. 팔을 몸의 18단에 바느질하여 고정한다.

머리카락

마야는 하트 모양 헤어스타일로 유명하다. 마야의 머리카락을 코바늘로 뜨는 데는 꽤 많은 작업이 필요하다. 먼저 머리카락의 바탕을 만들고, 그 위에 컬을 씌워야 한다.

머리카락의 바탕은 세 부분으로 구성된다. 위쪽에 두 개의 둥근 모양과 뒤쪽에 평평한 부분이다.

머리카락 바탕 실: 진회색 / 코바늘 1.5mm

1단: 매직링에 짧은뜨기 8 [8코]

2단: 뒷고리 이랑뜨기로 작업한다. 긴뜨기로 코늘리기 8 [16코]

3단: 뒷고리 이랑뜨기로 (긴뜨기로 코늘리기 1, 긴뜨기 1) × 8 [24코]

4단: 뒷고리 이랑뜨기로 작업한다. 긴뜨기 23, 짧은뜨기 1 [24코]

첫 번째 부분은 꼬리실을 길게 남기고 끊는다. 나중에 머리카락을 머리에 고정하는 데 필요하다. 두 번째 부분은 실을 끊지 않고 다음 단

에서 두 부분을 함께 연결한다.(사진 1)

5단: 뒷고리 이랑뜨기로 작업한다. 첫 번째 부분을 짧은뜨기로 연결, 첫 번째 부분에 긴뜨기 23, 두 번째 부분에 짧은뜨기로 연결, 긴뜨기 23 [48코]

6~10단: 뒷고리 이랑뜨기로 긴뜨기 48 [48코](사진 2)

• 편물을 평평하게 펴고 가운데 19코의 양쪽에 마커로 표시한다. 이 부분은 이마 부분이므로 뜨지 않고 남겨둔다.(사진 3)

• 가까운 마커에 도달할 때까지 뒷고리 이랑뜨기로 몇 땀 더 긴뜨기한다. 사슬뜨기 1, 뒤집는다.

• 머리카락의 뒤쪽 부분을 계속 뜬다.

1단: 앞고리 이랑뜨기로 긴뜨기 29, 사슬뜨기 1, 뒤집기 [29코]

2단: 뒷고리 이랑뜨기로 긴뜨기 29, 사슬뜨기 1, 뒤집기 [29코]

3~6단: 1~2단과 같은 방법으로 반복하여 뜬다. [29코]

실을 끊지 않고 계속 컬을 이어서 뜬다.

> Note: 머리카락의 밑부분은 중세 시대의 우스꽝스러운 모자처럼 보여야 한다.(사진 4-5)

컬

• 컬을 만들려면 뒤쪽 부분 6~1단의 모든 남은 앞쪽 코와 머리카락 위쪽을 따라 작업한다(사슬뜨기 7, 다음 코에 빼뜨기 1).

• 머리카락 아랫부분의 4단 끝에 남겨둔 진회색 실을 끌어온다. 머리카락을 머리에 씌운다.

• 머리를 마무리하고 남은 갈색 실을 둥근 모양 사이의 공간을 통해 끌어오고 두 실을 사용하여 머리 위쪽에 이중으로 매듭을 묶는다. 이렇게 하면 머리카락이 이 위치에 고정되고 하트 모양을 만드는 데 도움이 된다.(사진 9) 실을 끊고 정리한다.

• 머리카락을 머리에 고정한다. 뒤쪽 부분의 아래쪽 가장자리는 10단에 있어야 하고, 이마는 24단에 있어야 한다.(사진 10)

• 머리카락의 둥근 모양에 충전재를 채운다. 둘 다 동일하게 채우되 하트 모양이 되도록 한다. 머리카락 뒤쪽도 살짝 채운다.(사진 11)

• 모양이 마음에 들면 진회색 실 1가닥을 사용하여 전체적으로 땀을 떠 가며 바느질하여 고정한다.

귀(2개) 실: 갈색 / 코바늘 1.5mm

실을 길게 남기고 시작한다.

1단: 매직링에 짧은뜨기 5 [5코]

매직링을 단단하게 닫아 고정하고 꼬리실을 길게 남기고 끊는다. 귀를 머리 양쪽, 이마 가장자리 바로 아래에 바느질하여 고정하고, 실을 끊고 정리한다.

칼라 실: 흰색 / 코바늘 1.5mm

사슬뜨기 19
1단: 2번째 코에서 시작하여 빼뜨기 18, 사슬뜨기 49, 2번째 코에서 시작하여 빼뜨기 18, 사슬코에 짧은뜨기 30, 사슬뜨기 2, 뒤집기 [30코]
30코에만 계속 이어서 뜬다.
2단: 짧은뜨기 30코에 긴뜨기 3개씩, 사슬뜨기 1, 뒤집기 [90코]
나머지 코는 남겨둔다.
3단: 짧은뜨기 90 [90코]
실을 끊고 정리한다.

리본 실: 보라색 / 코바늘 1.5mm / 패턴 9(135쪽)

실을 길게 남기고 시작한다.
1단: 매직링에 (사슬뜨기 4, 두길긴뜨기 4, 사슬뜨기 4, 빼뜨기 1) × 2
매직링을 단단하게 닫아 고정하고 꼬리실을 길게 남기고 끊는다. 남은 실을 리본의 중앙에 감아 활 모양을 만들고 매듭을 묶어 고정한다.

고양이 가방 실: 분홍색 / 코바늘 1.5mm

1단: 매직링에 짧은뜨기 6 [6코]
2단: 코늘리기 6 [12코]
3단: (짧은뜨기 1, 코늘리기 1) × 6 [18코]
4~6단: 짧은뜨기 18 [18코]
7단: (안 보이게 코줄이기 1, 짧은뜨기 1) × 6 [12코]
가방 안에 충전재를 단단하게 채운다.
8단: 안 보이게 코줄이기 6 [6코]
꼬리실을 길게 남기고 끊는다. 바늘을 사용하여 꼬리실을 앞쪽 사슬코에 엮고 단단히 당겨 정리한다. 실을 끊고 정리한다.

9

10

11

가방 끈   실: 분홍색 / 코바늘 1.5mm

사슬뜨기 61

1단: 2번째 코에서 시작하여 빼뜨기 60 [60코]

꼬리실을 길게 남기고 끊는다. 가방의 7단에 가방 끈을 꿰맨다.

가방 귀(2개)   실: 분홍색 / 코바늘 1.5mm

실을 길게 남기고 시작한다.

1단: 매직링에 짧은뜨기 1 + 긴뜨기 1 + 한길긴뜨기 1 + 긴뜨기 1 + 사슬뜨기 1 [5코]

매직링을 단단하게 닫아 고정하고 꼬리실을 길게 남기고 끊는다.

- 가방의 5~7단 사이에 귀를 꿰맨다.
- 진회색 실 1가닥을 사용하여 가방에 고양이의 주둥이와 눈을 수 놓는다.
- 진분홍색 자수실을 사용하여 뺨을 수놓는다.

마무리하기

- 얼굴에 자수를 한다. 마커나 재봉핀을 사용하여 먼저 눈, 입, 뺨의 위치를 표시한다.
- 눈은 진회색 또는 검은색 자수실 1~2가닥을 사용하여 수놓는다. 눈을 이마 아래 1단에 놓고 10~11코 간격을 두고 수놓는다.
- 진분홍색 자수실을 사용하여 눈 아래에 뺨을 수놓는다.
- 칼라를 마야의 목에 두르고 뒤쪽에서 끈을 묶는다.
- 남은 실을 사용하여 리본을 머리카락에 바느질하여 고정한다. 실을 끊고 정리한다.
- 가방을 마야의 어깨에 걸친다.

하디

하디는 오페라 오케스트라 지휘자로 일하고
있어요. 게리의 룸메이트로 함께 마야를 키우고
있지요. 그는 음악을 너무 좋아해서 자신의 여가
시간에 음악의 밤을 주최하고, 악기를 연주할 수
있는 이웃을 모두 초대해 즐긴답니다.

난이도
★★★

완성 작품 크기
27.5 cm

재료 및 도구
- 실
  • 갈색
  • 진회색
  • 회색
  • 청록색
  • 와인색
  • 흰색
  • 검은색(조금)
- 코바늘 1.5mm
- 검은색, 진분홍색 자수실
- 자수용 바늘
- 돗바늘
- 핀
- 발을 지탱하기 위한 단추 2개(1.4cm)
- 마커
- 충전재

다리(2개) 실: 검은색, 갈색 / 코바늘 1.5mm

Note: 하디의 바지는 그랜마의 바지와 비슷하
다. 다리와 바지 다리를 따로 떠야 하는데, 바지
다리를 다리에 직접 부착한 다음 바지 다리를
함께 연결하여 몸을 만든다. 바지가 길고 벗겨
지지 않도록 뜨려면 두 배의 작업량이 될 것이
라고 생각할 수 있지만, 속이 비어 있는 가짜 바
지이기 때문에 작업량은 비슷하다.

1단: 검은색. 매직링에 짧은뜨기 6 [6코]

2단: 코늘리기 6 [12코]

3단: (짧은뜨기 1, 코늘리기 1) × 6 [18코]

4단: 뒷고리 이랑뜨기로 짧은뜨기 18 [18코]

5단: 짧은뜨기 18 [18코]

Note: 이때 발 안쪽에 평평한 단추를 넣는다. 귀여운 작은 발굽과 같은 모
양을 만들려면 밑창을 평평하게 유지하는 것이 중요하다.

6단: (안 보이게 코줄이기 1, 짧은뜨기 1) × 6 [12코]

실 바꾸기: 갈색. 충전재를 계속 채우면서 뜬다.

Note: 바지가 길고 벗겨지지 않기 때문에 다리 부분이 잘 보이지 않으므
로 10단부터 남은 실이나 인기 없는 색깔의 실을 사용해도 된다.

7~40단: 짧은뜨기 12 [12코]

41단: (짧은뜨기 3, 코늘리기 1) × 3 [15코]

42단: 짧은뜨기 2, (코늘리기 1, 짧은뜨기 4) × 2, 코늘리기 1, 짧은뜨기 2
[18코]

43단: (짧은뜨기 5, 코늘리기 1) × 3 [21코]

44단: 짧은뜨기 3, (코늘리기 1, 짧은뜨기 6) × 2, 코늘리기 1, 짧은뜨기 3
[24코]

45단: (짧은뜨기 7, 코늘리기 1) × 3 [27코]

실을 끊고 정리한다. 다리에 충전재가 단단하고 고르게 채워졌는지 확인
한다. 다리는 따로 두고 바지 다리를 만든다.

바지 다리(2개) 실: 회색 / 코바늘 1.5mm

실을 길게 남기고 시작한다. 나중에 바지 다리 밑부분을 한 바퀴 더 뜰 때
필요하다.

사슬뜨기 27. 첫 코에 빼뜨기하여 원 모양을 만든다.

1단: 짧은뜨기 27 [27코]

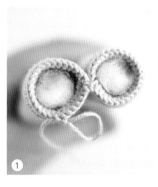 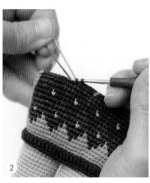  

2~40단: 짧은뜨기 27 [27코]

실을 끊지 않고 남겨둔다. 1단으로 돌아가서 처음에 남겨둔 실을 사용하여 바지 다리 아랫부분을 따라 빼뜨기한다. 실을 끊고 정리한다.

바지 다리를 다리 위에 놓고 가장자리를 따라 뜬다. 다음 단에서 다리와 바지 다리를 연결한다.

41단: 양쪽 코를 동시에 통과하여 짧은뜨기 27 [27코]

꼬리실을 길게 남기고 끊는다. 두 번째 다리와 바지 다리도 같은 방법

으로 뜨고, 실을 끊지 않고 남겨둔다. 다음 단에서 바지 다리를 모두 연결하고 몸을 이어서 뜬다.

몸 실: 회색, 청록색, 와인색 / 코바늘 1.5mm

1단: 회색. 첫 번째 바지 다리에 짧은뜨기로 연결, 첫 번째 바지 다리에 짧은뜨기 26, 두 번째 바지 다리에 짧은뜨기 27 [54코](사진 1)

짧은뜨기 14(단의 시작 부분을 몸 옆으로 옮기기), 마지막 사슬코에 마커로 표시한다. 여기가 새로운 단의 시작 지점이다.

2~3단: 짧은뜨기 54 [54코]

실 바꾸기: 청록색

4단: 짧은뜨기 54 [54코]

5단: 뒷고리 이랑뜨기로 작업한다. 짧은뜨기 4, (코늘리기 1, 짧은뜨기 8) × 5, 코늘리기 1, 짧은뜨기 4 [60코]

6단: (짧은뜨기 9, 코늘리기 1) × 6 [66코]

7~8단: 짧은뜨기 66 [66코]

태피스트리 패턴으로 청록색과 진회색을 번갈아가며 뜬다. 패턴이 있는 부분(29코 너비)이 중앙에 있는지 확인하고, 필요한 경우 몇 개의 코를 더 만들거나 몇 개를 줄여준다. 오른쪽 패턴이나 색깔 표시를 잘 보고 떠야 패턴이 제대로 만들어진다.

9단: {청록색} 짧은뜨기 2, ({진회색} 짧은뜨기 1, {청록색} 짧은뜨기 5) × 4, {진회색} 짧은뜨기 1, {청록색} 짧은뜨기 39 [66코]

10단: {청록색} 짧은뜨기 1, ({진회색} 짧은뜨기 3, {청록색} 짧은뜨기 3) × 4, {진회색} 짧은뜨기 3, {청록색} 짧은뜨기 38 [66코]

11단: ({진회색} 짧은뜨기 5, {청록색} 짧은뜨기 1) × 4, {진회색} 짧은뜨기 5, {청록색} 짧은뜨기 37 [66코]

12단: {진회색} 짧은뜨기 2, ({청록색} 짧은뜨기 1, {진회색} 짧은뜨기

5) × 4, {청록색} 짧은뜨기 1, {진회색} 짧은뜨기 2, {청록색} 짧은뜨기 37 [66코] (사진 2-4)

- 스웨터 조끼를 만들기 위해 잠시 쉰다(마지막으로 남겨둘 수도 있지만, 인형에 충전재를 채우지 않은 상태에서 하는 것이 더 쉽다).
- 사진 4와 같이 다리를 몸에서 멀리 향하게 하여 잡고, 4단의 아직 뜨지 않은 마지막 사슬코에서 와인색 실을 끌어온다.
- 사슬뜨기 2, 4단의 뜨지 않은 사슬코에 한길긴뜨기 54, 첫 코에 빼뜨기하고 실을 끊고 정리한다.
- 진회색, 와인색, 청록색 실을 번갈아가며 태피스트리 패턴으로 몸을 계속 이어서 뜬다.

13단: ({진회색} 짧은뜨기 5, {와인색} 짧은뜨기 1) × 4, {진회색} 짧은뜨기 5, {청록색} 짧은뜨기 37 [66코]

14단: {와인색} 짧은뜨기 1, ({진회색} 짧은뜨기 3, {와인색} 짧은뜨기 3) × 4, {진회색} 짧은뜨기 3, {와인색} 짧은뜨기 1, {청록색} 짧은뜨기 37 [66코]

15단: {와인색} 짧은뜨기 2, ({진회색} 짧은뜨기 1, {와인색} 짧은뜨기 5) × 4, {진회색} 짧은뜨기 1, {와인색} 짧은뜨기 2, {청록색} 짧은뜨기 37 [66코]

16단: ({와인색} 짧은뜨기 5, {진회색} 짧은뜨기 1) × 4, {와인색} 짧은뜨기 5, {청록색} 짧은뜨기 37 [66코]

17단: {와인색} 짧은뜨기 2, ({진회색} 짧은뜨기 1, {와인색} 짧은뜨기 5) × 4, {진회색} 짧은뜨기 1, {와인색} 짧은뜨기 2, {청록색} 짧은뜨기 37 [66코]

18단: {와인색} 짧은뜨기 1, ({진회색} 짧은뜨기 3, {와인색} 짧은뜨기 3) × 4, {진회색} 짧은뜨기 3, {와인색} 짧은뜨기 1, {청록색} 짧은뜨기 37 [66코]

19단: ({진회색} 짧은뜨기 5, {와인색} 짧은뜨기 1) × 4, {진회색} 짧은뜨기 5, {청록색} 짧은뜨기 37 [66코]

와인색 실을 끊고 정리한다.

20단: {진회색} 짧은뜨기 2, ({청록색} 짧은뜨기 1, {진회색} 짧은뜨기 5) × 4, {청록색} 짧은뜨기 1, {진회색} 짧은뜨기 2, {청록색} 짧은뜨기 37 [66코]

21단: ({진회색} 짧은뜨기 5, {청록색} 짧은뜨기 1) × 4, {진회색} 짧은뜨기 5, {청록색} 짧은뜨기 37 [66코]

22단: {청록색} 짧은뜨기 1, ({진회색} 짧은뜨기 3, {청록색} 짧은뜨기 3) × 4, {진회색}
짧은뜨기 3, {청록색} 짧은뜨기 38 [66코]

23단: {청록색} 짧은뜨기 2, ({진회색} 짧은뜨기 1, {청록색} 짧은뜨기 5) × 4, {진회색} 짧은뜨기 1, {청록색} 짧은뜨기 39 [66코]

진회색 실은 끊고 정리한다. 청록색 실로 계속 이어 뜬다.

24단: 짧은뜨기 66 [66코]

25단: 짧은뜨기 10, (안 보이게 코줄이기 1, 짧은뜨기 20) × 2, 안 보이게 코줄이기 1, 짧은뜨기 10 [63코]

26단: (짧은뜨기 19, 안 보이게 코줄이기 1) × 3 [60코]

27단: 짧은뜨기 9, (안 보이게 코줄이기 1, 짧은뜨기 18) × 2, 안 보이게 코줄이기 1, 짧은뜨기 9 [57코]

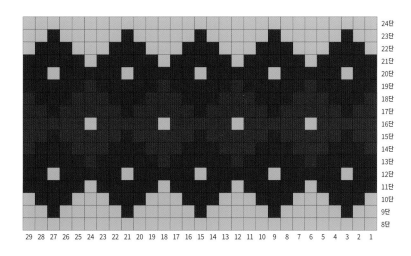

28단: (짧은뜨기 17, 안 보이게 코줄이기 1) × 3 [54코]

29단: 짧은뜨기 8, (안 보이게 코줄이기 1, 짧은뜨기 16) × 2, 안 보이게 코줄이기 1, 짧은뜨기 8 [51코]

30단: (짧은뜨기 15, 안 보이게 코줄이기 1) × 3 [48코]

31단: 짧은뜨기 7, (안 보이게 코줄이기 1, 짧은뜨기 14) × 2, 안 보이게 코줄이기 1, 짧은뜨기 7 [45코]

32단: (짧은뜨기 13, 안 보이게 코줄이기 1) × 3 [42코]

33단: 짧은뜨기 6, (안 보이게 코줄이기 1, 짧은뜨기 12) × 2, 안 보이게 코줄이기 1, 짧은뜨기 6 [39코]

34단: (짧은뜨기 11, 안 보이게 코줄이기 1) × 3 [36코]

35단: 짧은뜨기 5, (안 보이게 코줄이기 1, 짧은뜨기 10) × 2, 안 보이게 코줄이기 1, 짧은뜨기 5 [33코]

36단: (짧은뜨기 9, 안 보이게 코줄이기 1) × 3 [30코]

꼬리실을 길게 남기고 끊는다. 몸에 충전재를 단단하게 채운다.

머리 실: 갈색 / 코바늘 1.5mm

Note: 하디의 머리는 마야의 머리와 마찬가지로 머리의 대부분이 머리카락으로 덮여 있기 때문에 아래에서 위로 뜬다. 그렇기 때문에 코줄이기 한 부분이 보이지 않는 것이 좋다.(코줄이기는 일반적으로 코늘리기보다 더 눈에 띈다.)

1단: 매직링에 짧은뜨기 6 [6코]

2단: 코늘리기 6 [12코]

3단: (짧은뜨기 1, 코늘리기 1) × 6 [18코]

4단: 짧은뜨기 1, (코늘리기 1, 짧은뜨기 2) × 5, 코늘리기 1, 짧은뜨기 1 [24코]

5단: (짧은뜨기 3, 코늘리기 1) × 6 [30코]

6단: 뒷고리 이랑뜨기로 (짧은뜨기 9, 코늘리기 1) × 3 [33코]

7단: 짧은뜨기 5, (코늘리기 1, 짧은뜨기 10) × 2, 코늘리기 1, 짧은뜨기 5 [36코]

8단: (짧은뜨기 11, 코늘리기 1) × 3 [39코]

9단: 짧은뜨기 6, (코늘리기 1, 짧은뜨기 12) × 2, 코늘리기 1, 짧은뜨기 6 [42코]

10단: (짧은뜨기 13, 코늘리기 1) × 3 [45코]

11단: 짧은뜨기 7, (코늘리기 1, 짧은뜨기 14) × 2, 코늘리기 1, 짧은뜨기 7 [48코]

12~28단: 짧은뜨기 48 [48코]

29단: 짧은뜨기 3, (안 보이게 코줄이기 1, 짧은뜨기 6) × 5, 안 보이게 코줄이기 1, 짧은뜨기 3 [42코]

충전재를 계속 단단하게 채우면서 뜬다.

30단: (짧은뜨기 5, 안 보이게 코줄이기 1) × 6 [36코]

31단: 짧은뜨기 2, (안 보이게 코줄이기 1, 짧은뜨기 4) × 5, 안 보이게 코줄이기 1, 짧은뜨기 2 [30코]

32단: (짧은뜨기 3, 안 보이게 코줄이기 1) × 6 [24코]

33단: 짧은뜨기 1, (안 보이게 코줄이기 1, 짧은뜨기 2) × 5, 안 보이게 코줄이기 1, 짧은뜨기 1 [18코]

충전재를 단단하게 채운다.

34단: (안 보이게 코줄이기 1, 짧은뜨기 1) × 6 [12코]

35단: 안 보이게 코줄이기 6 [6코]

꼬리실을 길게 남기고 끊는다. 바늘을 사용하여 꼬리실을 앞쪽 사슬코에 엮고 단단히 당겨 정리한다. 다시 꼬리실을 길게 남겨 머리 부분 5단의 남은 앞쪽 사슬코에 몸을 바느질하여 고정한다. 솔기를 닫기 전에 목과 어깨 부위에 충전재를 단단하게 채운다.(젓가락 사용)

팔(2개) 실: 갈색, 흰색 / 코바늘 1.5mm

1단: 갈색. 매직링에 짧은뜨기 5 [5코]

2단: 코늘리기 5 [10코]

3단: 짧은뜨기 10 [10코]

4단: 짧은뜨기 4, 한길긴뜨기 5코 버블 스티치 1, 짧은뜨기 5 [10코]

5~9단: 짧은뜨기 10 [10코]

실 바꾸기: 흰색

> Note: 실의 색깔을 바꾸는 지점이 팔의 안쪽에 있는지 확인한다. 몇 개의 짧은뜨기를 추가하거나 줄여 위치를 맞춘다.

10단: 뒷고리 이랑뜨기로 짧은뜨기 10 [10코]

11단: 스파이크 스티치 10 [10코]

12단: 뒷고리 이랑뜨기로 짧은뜨기 10 [10코]

13~37단: 짧은뜨기 10 [10코]

팔의 아랫부분만 충전재를 채워서 바느질 후 팔이 너무 튀어나오지 않도록 한다. 마지막 코가 엄지 손가락의 반대쪽이 되도록 짧은뜨기를 추가하거나 줄인다. 팔을 평평하게 하고 다음 단에서 두 겹을 겹쳐 작업한다.

38단: 짧은뜨기 5 [5코]

꼬리실을 길게 남기고 끊는다. 팔을 목선 아래로 4~5단 몸 옆에 바느질하여 고정한다.

머리카락

하디의 머리카락은 마야의 머리카락과 비슷하지만, 더 작고 더 단순한 모양이다. 먼저 머리카락 바탕을 만든 다음 컬로 덮는다.
머리카락의 바탕은 두 부분으로 구성된다. 위쪽은 둥근 모양이고, 뒤쪽은 직사각형 모양이다.

머리카락 바탕 실: 진회색 / 코바늘 1.5mm

1단: 매직링에 짧은뜨기 6 [6코]

2단: 코늘리기 6 [12코]

3단: 뒷고리 이랑뜨기로 작업한다. 긴뜨기로 코늘리기 12 [24코]

4단: 뒷고리 이랑뜨기로 (긴뜨기 1, 긴뜨기로 코늘리기 1) × 12 [36코]

5단: 뒷고리 이랑뜨기로 (긴뜨기 2, 긴뜨기로 코늘리기 1) × 12 [48코]

6단: 뒷고리 이랑뜨기로 긴뜨기 48 [48코]

7단: 뒷고리 이랑뜨기로 긴뜨기 48, 사슬뜨기 1, 뒤집기 [48코]
머리카락의 뒤쪽 부분을 계속 뜬다.

1단: 앞고리 이랑뜨기로 긴뜨기 27, 사슬뜨기 1, 뒤집기 [27코]
나머지 코는 뜨지 않고 남겨둔다. 이 부분이 이마가 된다.

2단: 뒷고리 이랑뜨기로 긴뜨기 27, 사슬뜨기 1, 뒤집기 [27코]

3~7단: 1~2단과 같은 방법으로 반복하여 뜬다. [27코]
실을 끊지 않고 남겨둔다.

> Note: 머리에 머리카락을 얹어본다. 꽉 조여질 수 있지만 컬을 추가하면 약간 늘어난다. 머리카락이 너무 짧게 나올까 봐 걱정된다면 한 줄이나 두 줄을 추가해도 좋다.

컬

- 컬을 만들려면 머리카락 바탕의 열린 쪽이 아래쪽을 향하도록 하여 오른쪽에서 작업한다. 7~1단의 뜨지 않은 모든 코에 작업한다 (사슬뜨기 4, 빼뜨기 1).
- 윗부분에 도달하면 7~2단의 남은 모든 코에 작업한다(사슬뜨기 6, 빼뜨기 1).(사진 5-6) 꼬리실을 길게 남기고 끊는다.
- 머리카락을 머리에 얹고 마무리한다. 머리의 남은 갈색 실을 끌어와 머리카락의 매직링을 통과하여 당긴다. 두 실을 위쪽에서 매듭지어 묶는다. 이렇게 하면 머리카락이 적절한 위치에 고정된다. 실을 끊고 정리한다.
- 머리카락에는 충전재를 채울 필요가 없다.
- 모양이 마음에 들면 진회색 실 1가닥을 사용하여 전체적으로 땀을 떠 가며 바느질하여 고정한다.

귀(2개) 실: 갈색 / 코바늘 1.5mm

실을 길게 남기고 시작한다.

1단: 매직링에 짧은뜨기 7 [7코]

매직링을 단단하게 닫아 고정한다. 꼬리실을 길게 남기고 끊는다. 귀를 머리 양쪽, 컬 사이, 이마 가장자리 아래 3~5단에 바느질하여 고정한다. 실을 끊고 정리한다.(사진 7)

칼라　실: 흰색 / 코바늘 1.5mm / 패턴 5(135쪽)

사슬뜨기 34

1단: 2번째 사슬코에서 시작하여 짧은뜨기 13, 사슬뜨기 4, 2번째 사슬코에서 시작하여 짧은뜨기 3, 사슬코에 짧은뜨기 7, 사슬뜨기 4, 2번째 사슬코에서 시작하여 짧은뜨기 3, 사슬코에 짧은뜨기 13, 사슬뜨기 1, 뒤집기 [47코]

2단: 빼뜨기 10, 건너뛰기 2, 한길긴뜨기 3, 다음 코에 한길긴뜨기 6, 한길긴뜨기 3, 건너뛰기 2, 빼뜨기 1, 건너뛰기 2, 한길긴뜨기 3, 다음 코에 한길긴뜨기 6, 한길긴뜨기 3, 건너뛰기 2, 빼뜨기 10 [45코]

꼬리실을 길게 남기고 끊는다.

나비넥타이　실: 검은색 / 코바늘 1.5mm / 패턴9(135쪽)

실을 길게 남기고 시작한다.

1단: 매직링에 (사슬뜨기 4, 두길긴뜨기 4, 사슬뜨기 4, 빼뜨기 1) × 2

매직링을 단단하게 닫아 고정하고 꼬리실을 길게 남기고 끊는다. 남은 실을 리본의 중앙에 감아 활 모양을 만들고 매듭을 묶어 고정한다. 꼬리실을 길게 남기고 끊는다.

마무리하기

- 칼라를 목에 두르고 몸 뒤쪽에서 바느질한다.
- 칼라의 열린 부분을 뒤로 오도록 하여 꼬리실로 몸통에 고정한다.
- 마커나 재봉핀을 사용하여 눈, 입, 뺨의 위치를 표시한다.
- 눈은 진회색 또는 검은색 자수실 1~2가닥을 사용하여 수놓는다. 눈을 이마 아래 5단에 놓고 12~13코 간격을 두고 수놓는다.
- 눈 아래 1~2단 중앙에 입을 수놓는다.
- 진분홍색 자수실을 사용하여 뺨을 수놓는다.
- 청록색 실 2가닥을 사용하여 스웨터 조끼의 태피스트리 패턴을 연결하는 긴 스티치를 수놓아 생동감 있게 만든다.(사진 8)

마르타

창의적이고 모험심이 강한 마르타는 룰라의
친구들 중 가장 용감한 소녀입니다!
그녀는 항상 다른 아이가 감히 가지 못하는
숲으로의 여행을 꿈꾸지요. 마르타의 뒷마당에는
그녀만의 미니 캐비닛이 있는데, 이곳에
특별한 돌과 반짝이는 벌레 등 야생에서 발견한
신기한 것들을 가득 보관한답니다.

난이도
★

완성 작품 크기
16.5 cm

재료 및 도구
- 실
  • 연분홍색
  • 빨간색
  • 진회색
  • 연보라색
  • 주황색
  • 흰색(조금)
- 코바늘 1.5mm, 1.75mm
- 검은색, 연갈색, 분홍색 자수실
- 자수용 바늘
- 돗바늘
- 핀
- 발을 지탱하기 위한 단추 2개(1.4cm)
- 안경용 파란색 와이어(20cm)
- 날개를 달기 위한 4개의 구멍이 있는 작은 단추 1개
- 티셔츠용 작은 단추 몇 개(구슬 또는 프렌치 매듭)
- 마커
- 충전재

www.amigurumi.com/3911
사이트에 작품을 올려보세요. 다른 작품을
통해 영감을 얻을 수 있어요.

몸 실: 빨간색, 연분홍색, 연보라색 / 코바늘 1.5mm

1단: 빨간색. 매직링에 짧은뜨기 6 [6코]
2단: 코늘리기 6 [12코]
3단: (짧은뜨기 1, 코늘리기 1) × 6 [18코]
4단: 짧은뜨기 1, (코늘리기 1, 짧은뜨기 2) ×
5, 코늘리기 1, 짧은뜨기 1 [24코]
5단: (짧은뜨기 3, 코늘리기 1) × 6 [30코]
6단: 짧은뜨기 2, (코늘리기 1, 짧은뜨기 4) ×
5, 코늘리기 1, 짧은뜨기 2 [36코]
7단: (짧은뜨기 5, 코늘리기 1) × 6 [42코]
8단: 짧은뜨기 3, (코늘리기 1, 짧은뜨기 6) × 5, 코늘리기 1, 짧은뜨기 3
[48코]
9단: (짧은뜨기 7, 코늘리기 1) × 6 [54코]
10단: 짧은뜨기 4, (코늘리기 1, 짧은뜨기 8) × 5, 코늘리기 1, 짧은뜨기 4
[60코]
줄무늬 패턴으로 계속 뜬다. 한 단은 흰색 실, 세 단은 빨간색 실로 번갈아
가며 뜬다.
11~12단: 짧은뜨기 60 [60코]
13단: (짧은뜨기 9, 코늘리기 1) × 6 [66코]
14~19단: 짧은뜨기 66 [66코]
빨간색 실로 계속 이어 뜬다.
20단: 짧은뜨기 66 [66코]
21단: 짧은뜨기 5, (코늘리기 1, 짧은뜨기 10) × 5, 코늘리기 1, 짧은뜨기 5
[72코]
22단: 짧은뜨기 72 [72코]
실 바꾸기: 연분홍색. 빨간색 실은 끊지 않고 남겨둔다.
23단: 뒷고리 이랑뜨기로 짧은뜨기 72 [72코]
24~26단: 짧은뜨기 72 [72코]
실 바꾸기: 연보라색
27단: 짧은뜨기 72 [72코]
실을 끊지 않고 남겨둔다. 남겨두었던 빨간색 실을 사용하여 이 단의 남은
모든 코의 앞쪽 고리에 빼뜨기하여 바지의 허리띠를 만든다. 실을 끊고 정
리한다. 27단에서 계속 이어 뜬다.
28단: 뒷고리 이랑뜨기로 짧은뜨기 72 [72코]
29단: (짧은뜨기 10, 안 보이게 코줄이기 1) × 6 [66코]
30단: 짧은뜨기 10, (안 보이게 코줄이기 1, 짧은뜨기 20) × 2, 안 보이게

코줄이기 1, 짧은뜨기 10 [63코]

31단: (짧은뜨기 19, 안 보이게 코줄이기 1) × 3 [60코]

32단: 짧은뜨기 9, (안 보이게 코줄이기 1, 짧은뜨기 18) × 2, 안 보이게 코줄이기 1, 짧은뜨기 9 [57코]

33단: (짧은뜨기 17, 안 보이게 코줄이기 1) × 3 [54코]

34단: 짧은뜨기 8, (안 보이게 코줄이기 1, 짧은뜨기 16) × 2, 안 보이게 코줄이기 1, 짧은뜨기 8 [51코]

35단: (짧은뜨기 15, 안 보이게 코줄이기 1) × 3 [48코]

36단: 짧은뜨기 7, (안 보이게 코줄이기 1, 짧은뜨기 14) × 2, 안 보이게 코줄이기 1, 짧은뜨기 7 [45코]

37단: (짧은뜨기 13, 안 보이게 코줄이기 1) × 3 [42코]

실 바꾸기: 연분홍색. 연보라색 실은 끊지 않고 남겨둔다.

38단: 뒷고리 이랑뜨기로 짧은뜨기 42 [42코]

39단: (짧은뜨기 5, 안 보이게 코줄이기 1) × 6 [36코]

빼뜨기한 후 꼬리실을 길게 남기고 끊는다.

- 37단으로 돌아간다. 남겨둔 연보라색 실을 사용하여 37단의 남은 모든 코의 앞쪽 고리에 빼뜨기하여 티셔츠의 네크라인을 만든다. 실을 끊고 정리한다.
- 27단에서 연보라색 실을 끌어와 27단의 남은 모든 코의 앞쪽 고리에 빼뜨기하여 티셔츠의 밑단을 만든다.
- 실을 끊고 정리한다. 충전재로 몸을 단단하게 채운다.

머리 실: 연분홍색 / 코바늘 1.5mm

1단: 매직링에 짧은뜨기 6 [6코]

2단: 코늘리기 6 [12코]

3단: (짧은뜨기 1, 코늘리기 1) × 6 [18코]

4단: 짧은뜨기 1, (코늘리기 1, 짧은뜨기 2) × 5, 코늘리기 1, 짧은뜨기 1 [24코]

5단: (짧은뜨기 3, 코늘리기 1) × 6 [30코]

6단: 짧은뜨기 2, (코늘리기 1, 짧은뜨기 4) × 5, 코늘리기 1, 짧은뜨기 2 [36코]

7단: (짧은뜨기 5, 코늘리기 1) × 6 [42코]

8단: (짧은뜨기 13, 코늘리기 1) × 3 [45코]

9단: 짧은뜨기 7, (코늘리기 1, 짧은뜨기 14) × 2, 코늘리기 1, 짧은뜨기 7 [48코]

10단: (짧은뜨기 15, 코늘리기 1) × 3 [51코]

11단: 짧은뜨기 8, (코늘리기 1, 짧은뜨기 16) × 2, 코늘리기 1, 짧은뜨기 8 [54코]

12단: (짧은뜨기 17, 코늘리기 1) × 3 [57코]

13단: 짧은뜨기 9, (코늘리기 1, 짧은뜨기 18) × 2, 코늘리기 1, 짧은뜨기 9 [60코]

14~28단: 짧은뜨기 60 [60코]

29단: 짧은뜨기 4, (안 보이게 코줄이기 1, 짧은뜨기 8) × 5, 안 보이게 코줄이기 1, 짧은뜨기 4 [54코]

30단: (짧은뜨기 7, 안 보이게 코줄이기 1) × 6 [48코]

충전재를 계속 채우면서 뜬다.

31단: 짧은뜨기 3, (안 보이게 코줄이기 1, 짧은뜨기 6) × 5, 안 보이게 코줄이기 1, 짧은뜨기 3 [42코]

32단: (짧은뜨기 5, 안 보이게 코줄이기 1) × 6 [36코]

33단: 뒷고리 이랑뜨기로 작업한다. 짧은뜨기 2, (안 보이게 코줄이기 1, 짧은뜨기 4) × 5, 안 보이게 코줄이기 1, 짧은뜨기 2 [30코]

34단: (짧은뜨기 3, 안 보이게 코줄이기 1) × 6 [24코]

35단: 짧은뜨기 1, (안 보이게 코줄이기 1, 짧은뜨기 2) × 5, 안 보이게 코줄이기 1, 짧은뜨기 1 [18코]

머리에 충전재를 단단하게 채운다.

36단: (안 보이게 코줄이기 1, 짧은뜨기 1) × 6 [12코]

37단: 안 보이게 코줄이기 6 [6코]

꼬리실을 길게 남기고 끊는다. 바늘을 사용하여 꼬리실을 코의 앞고리에 엮고 단단히 당겨 정리한다. 실을 끊고 정리한다. 머리 부분 32단의 남은 코의 앞고리에 머리와 몸을 함께 바느질하여 고정한다. 솔기를 닫기 전에 목과 어깨 부위에 충전재를 단단하게 채운다.(젓가락 사용)

다리(2개) 실: 진회색, 연분홍색, 빨간색 / 코바늘 1.5mm

1단: 진회색. 매직링에 짧은뜨기 6 [6코]

2단: 코늘리기 6 [12코]

3단: (짧은뜨기 1, 코늘리기 1) × 6 [18코]

4단: 뒷고리 이랑뜨기로 짧은뜨기 18 [18코]

5단: 짧은뜨기 18 [18코]

> Note: 이때 발 안쪽에 평평한 단추를 넣는다. 귀여운 작은 발굽과 같은 모양을 만들려면 밑창을 평평하게 유지하는 것이 중요하다.

6단: (안 보이게 코줄이기 1, 짧은뜨기 1) × 6 [12코]

실 바꾸기: 연분홍색

7~13단: 짧은뜨기 12 [12코]

실 바꾸기: 빨간색

14단: 짧은뜨기 12 [12코]

15단: 앞고리 이랑뜨기로 코늘리기 12 [24코]

16단: (짧은뜨기 3, 코늘리기 1) × 6 [30코]

빼뜨기한 후 꼬리실을 길게 남기고 끊는다. 다리에 충전재를 단단히 채운다. 몸의 2~10단 사이에 다리를 바느질하여 고정한다.(사진 1)

팔(2개) 실: 연분홍색, 연보라색 / 코바늘 1.5mm

1단: 연분홍색. 매직링에 짧은뜨기 6 [6코]

2단: (짧은뜨기 1, 코늘리기 1) × 3 [9코]

3단: 짧은뜨기 9 [9코]

4단: 짧은뜨기 4, 한길긴뜨기 5코 버블 스티치 1, 짧은뜨기 4 [9코]

5~16단: 짧은뜨기 9 [9코]

실 바꾸기: 연보라색

> Note: 실의 색깔이 바뀌는 지점이 팔의 안쪽에 있는지 확인한다. 몇 개의 짧은뜨기를 추가하거나 줄여 마지막 지점을 맞춘다.

17단: 뒷고리 이랑뜨기로 짧은뜨기 9 [9코]

18단: 스파이크 스티치 9 [9코]

19단: 뒷고리 이랑뜨기로 짧은뜨기 9 [9코]

팔의 아랫부분만 충전재를 채워서 바느질 후 팔이 너무 튀어나오지 않도록 한다. 마지막 코가 엄지 손가락의 반대쪽이 되도록 짧은뜨기를 추가하거나 줄인다. 팔을 평평하게 하고 다음 단에서 두 겹을 겹쳐 작업한다.

20단: 짧은뜨기 4 [4코]

꼬리실을 길게 남기고 끊는다. 팔을 티셔츠 목선 아래, 몸 옆에 바느질하여 고정한다.

머리카락 실: 주황색 / 코바늘 1.75mm

1단: 매직링에 짧은뜨기 6 [6코]

2단: 코늘리기 6 [12코]

3단: (짧은뜨기 1, 코늘리기 1) × 6 [18코]

4단: 짧은뜨기 1, (코늘리기 1, 짧은뜨기 2) × 5, 코늘리기 1, 짧은뜨기 1 [24코]

5단: (짧은뜨기 3, 코늘리기 1) × 6 [30코]

6단: 짧은뜨기 2, (코늘리기 1, 짧은뜨기 4) × 5, 코늘리기 1, 짧은뜨기 2 [36코]

7단: (짧은뜨기 5, 코늘리기 1) × 6 [42코]

8단: (짧은뜨기 13, 코늘리기 1) × 3 [45코]

9단: 짧은뜨기 7, (코늘리기 1, 짧은뜨기 14) × 2, 코늘리기 1, 짧은뜨기 7 [48코]

10~11단: 짧은뜨기 48 [48코]

12단: (짧은뜨기 1, 한길긴뜨기 5코 버블 스티치 1) × 24 [48코]

13단: 짧은뜨기 48 [48코]

14단: (한길긴뜨기 5코 버블 스티치 1, 짧은뜨기 1) × 23, 한길긴뜨기 5코 버블 스티치 1, 빼뜨기 1, 사슬뜨기 1, 뒤집기 [48코]

계속 이어서 뜬다.

1단: 짧은뜨기 31, 사슬뜨기 1, 뒤집기 [31코]

뜨지 않은 코는 남겨둔다. 이 부분이 이마가 된다.

2단: (한길긴뜨기 5코 버블 스티치 1, 짧은뜨기 1) × 15, 한길긴뜨기 5코 버블 스티치 1, 사슬뜨기 1, 뒤집기 [31코]

3단: 짧은뜨기 31, 사슬뜨기 1, 뒤집기 [31코]

4단: 건너뛰기 1, (한길긴뜨기 5코 버블 스티치 1, 짧은뜨기 1) × 14, 한길긴뜨기 5코 버블 스티치 1, 빼뜨기 1 [30코]

실을 끊고 정리한다.(사진 2-3) 머리에 머리카락을 얹고 이 위치에 바느질하여 고정한다.(사진 4) 주황색 실 1~2가닥을 사용하여 머리카락을 깔끔하게 꿰맨다.

귀(2개) 실: 연분홍색 / 코바늘 1.5mm

실을 길게 남기고 시작한다.

1단: 매직링에 짧은뜨기 5 [5코]

매직링을 단단하게 닫아 고정하고 꼬리실을 길게 남기고 끊는다. 이마 아래 5단 위치에, 머리 양쪽에 귀를 바느질하여 고정한다.

마무리하기

- 다양한 색깔의 작은 단추나 구슬로 티셔츠를 장식한다. 아니면 남은 실을 사용하여 프렌치 매듭을 수놓아도 된다. 이 장식으로 티셔츠를 귀엽게 만들 수 있다.
- 얼굴에 자수를 한다. 마커나 재봉핀을 사용하여 먼저 눈, 입, 눈썹, 뺨의 위치를 표시한다.
- 눈은 진회색 또는 검은색 자수실 1~2가닥을 사용하여 수놓는다. 이마 아래 3~4단 위치에 12~13코 간격을 두고 배치한다.
- 눈의 1단 아래 중앙에 입을 수놓는다.
- 주황색 실 1가닥을 사용하여 입 위에 작은 프렌치 매듭을 몇 개 수놓아 주근깨를 표현한다.
- 분홍색 자수실을 사용하여 눈 아래에 뺨을 수놓는다.
- 밝은 갈색 실로 눈썹을 수놓습니다.
- 안경은 둥근 물체에 와이어를 감아 만든다. 눈 사이의 거리 만큼 남기고 다시 와이어를 둥근 물체에 감아 완성한 다음, 끝 부분을 3cm 정도 남기고 잘라낸다. 눈에서 3~4코 떨어진 곳 머리에 고정한다.(사진 5)

날개(2개) 실: 진회색 / 코바늘 1.5mm

실을 길게 남기고 시작한다.

1단: 매직링에 짧은뜨기 6 [6코]

2단: (짧은뜨기 1, 코늘리기 1) × 3 [9코]

3단: 짧은뜨기 1, (코늘리기 1, 짧은뜨기 2) × 2, 코늘리기 1, 짧은뜨기 1 [12코]

4단: (짧은뜨기 3, 코늘리기 1) × 3 [15코]

5단: 짧은뜨기 2, (코늘리기 1, 짧은뜨기 4) × 2, 코늘리기 1, 짧은뜨기 2 [18코]

6단: (짧은뜨기 5, 코늘리기 1) × 3 [21코]

시작할 때 남겨둔 실을 매직링에 넣어 작업물 바깥쪽으로 빼낸다. 날개를 몸에 부착하는 데 필요하다.

7단: 짧은뜨기 3, (코늘리기 1, 짧은뜨기 6) × 2, 코늘리기 1, 짧은뜨기 3 [24코]

8단: (짧은뜨기 7, 코늘리기 1) × 3 [27코]

9단: 짧은뜨기 4, (코늘리기 1, 짧은뜨기 8) × 2, 코늘리기 1, 짧은뜨기 4 [30코]

10단: (짧은뜨기 9, 코늘리기 1) × 3 [33코]

11단: 짧은뜨기 5, (코늘리기 1, 짧은뜨기 10) × 2, 코늘리기 1, 짧은뜨기 5 [36코]

12단: (짧은뜨기 11, 코늘리기 1) × 3 [39코]

13단: 짧은뜨기 6, (코늘리기 1, 짧은뜨기 12) × 2, 코늘리기 1, 짧은뜨기 6 [42코]

14단: (짧은뜨기 13, 코늘리기 1) × 3 [45코]

15단: 짧은뜨기 7, (코늘리기 1, 짧은뜨기 14) × 2, 코늘리기 1, 짧은뜨기 7 [48코]

16단: (짧은뜨기 15, 코늘리기 1) × 3 [51코]

17단: 짧은뜨기 8, (코늘리기 1, 짧은뜨기 16) × 2, 코늘리기 1, 짧은뜨기 8 [54코]

18단: (짧은뜨기 17, 코늘리기 1) × 3 [57코]

19단: 짧은뜨기 9, (코늘리기 1, 짧은뜨기 18) × 2, 코늘리기 1, 짧은뜨기 9 [60코]

20단: (짧은뜨기 19, 코늘리기 1) × 3 [63코]

21단: 짧은뜨기 10, (코늘리기 1, 짧은뜨기 20) × 2, 코늘리기 1, 짧은뜨기 10 [66코]

22단: (짧은뜨기 21, 코늘리기 1) × 3 [69코]

23단: 짧은뜨기 11, (코늘리기 1, 짧은뜨기 22) × 2, 코늘리기 1, 짧은뜨기 11 [72코]

24단: (짧은뜨기 23, 코늘리기 1) × 3 [75코]

25단: 짧은뜨기 12, (코늘리기 1, 짧은뜨기 24) × 2, 코늘리기 1, 짧은뜨기 12 [78코]

날개는 충전재를 채우지 않는다. 날개를 평평하게 펴고 다음 단에서 두 겹을 겹쳐 작업한다.

26단: 짧은뜨기 6, 긴뜨기 4, 한길긴뜨기 3, 다음 코에 한길긴뜨기 1+피코 스티치 3+한길긴뜨기 1, 한길긴뜨기 3, 긴뜨기 2, 짧은뜨기 1, 긴뜨기 2, 한길긴뜨기 3, 다음 코에 한길긴뜨기 1+피코스티치 3+한길긴뜨기 1, 한길긴뜨기 3, 긴뜨기 4, 짧은뜨기 5, 빼뜨기 1 [43코] (사진 6)

실을 길게 남기고 끊는다.

- 티셔츠 뒤쪽 중앙에 4개의 구멍이 있는 단추를 달아준다. 날개를 다는 데 2개의 단춧구멍이 필요하므로 2개의 구멍만 사용하여 꿰맨다. 두 날개의 남은 실을 남은 단추 구멍으로 당겨서 작은 나비매듭을 만든다. 언제든지 날개를 뗄 수 있다. (사진 7)
- 진회색 실 2가닥을 사용하여 날개의 위쪽 바깥쪽 부분에 매듭을 만들고, 다시 손목에 감고 나비매듭으로 묶는다.
- 흰색 실을 사용하여 바지가 벗겨지지 않도록 매듭을 만든다. 허리띠 바로 아래에 2코 크기의 땀을 수놓고, 앞면에 깔끔하게 나비매듭으로 묶어 정리한다. (사진 8)

토비

토비는 룰라의 학교 친구입니다. 그는 맛있는
음식을 먹으며 노는 것을 무척 좋아하는데,
얼마 전 최고의 파티 플래너로 뽑혔답니다.
그는 종종 요리 실력을 과시하곤 하는데,
지난 여름 이탈리아를 여행하면서 파스타
요리법에 대해 배우기도 했답니다.

난이도
★★(머리 장식 ★)

완성 작품 크기
17.5 cm

재료 및 도구
- 실
  • 연베이지색
  • 흰색
  • 진노란색
  • 하늘색
  • 연갈색
  • 주황색
  • 진분홍색
  • 연보라색(조금)
  • 겨자색(조금)
- 코바늘 1.5mm, 1.75mm
- 검은색, 연갈색, 분홍색 자수실
- 자수용 바늘, 돗바늘
- 핀, 마커
- 발을 지탱하기 위한 단추 2개(1.4cm)
- 우산 머리 장식용 작은 구슬 8개, 작은 단추 1개
- 우산 머리 장식용 와이어(60cm)
- 우산을 지행하기 위한 구멍 4개가 있는 단추 1개
- 접착제(글루건)와 플라이어
- 충전재

www.amigurumi.com/3912
사이트에 작품을 올려보세요. 다른 작품을
통해 영감을 얻을 수 있어요.

머리 실: 연베이지색 / 코바늘 1.5mm

1단: 매직링에 짧은뜨기 6 [6코]
2단: 코늘리기 6 [12코]
3단: (짧은뜨기 1, 코늘리기 1) × 6 [18코]
4단: 짧은뜨기 1, (코늘리기 1, 짧은뜨기 2) × 5, 코늘리기 1, 짧은뜨기 1 [24코]
5단: (짧은뜨기 3, 코늘리기 1) × 6 [30코]
6단: 짧은뜨기 2, (코늘리기 1, 짧은뜨기 4) × 5, 코늘리기 1, 짧은뜨기 2 [36코]
7단: (짧은뜨기 5, 코늘리기 1) × 6 [42코]
8단: 짧은뜨기 3, (코늘리기 1, 짧은뜨기 6) × 5, 코늘리기 1, 짧은뜨기 3 [48코]
9단: (짧은뜨기 7, 코늘리기 1) × 6 [54코]
10단: 짧은뜨기 4, (코늘리기 1, 짧은뜨기 8) × 5, 코늘리기 1, 짧은뜨기 4 [60코]
11단: (짧은뜨기 9, 코늘리기 1) × 6 [66코]
12~23단: 짧은뜨기 66 [66코]
24단: (짧은뜨기 9, 안 보이게 코줄이기 1) × 6 [60코]
25단: 짧은뜨기 4, (안 보이게 코줄이기 1, 짧은뜨기 8) × 5, 안 보이게 코줄이기 1, 짧은뜨기 4 [54코]
충전재를 계속 채우면서 뜬다.
26단: (짧은뜨기 7, 안 보이게 코줄이기 1) × 6 [48코]
27단: 뒷고리 이랑뜨기로 작업한다. 짧은뜨기 3, (안 보이게 코줄이기 1, 짧은뜨기 6) × 5, 안 보이게 코줄이기 1, 짧은뜨기 3 [42코]
28단: (짧은뜨기 5, 안 보이게 코줄이기 1) × 6 [36코]
29단: 짧은뜨기 2, (안 보이게 코줄이기 1, 짧은뜨기 4) × 5, 안 보이게 코줄이기 1, 짧은뜨기 2 [30코]
30단: (짧은뜨기 3, 안 보이게 코줄이기 1) × 6 [24코]
31단: 짧은뜨기 1, (안 보이게 코줄이기 1, 짧은뜨기 2) × 5, 안 보이게 코줄이기 1, 짧은뜨기 1 [18코]
충전재를 머리에 단단하게 채운다.
32단: (안 보이게 코줄이기 1, 짧은뜨기 1) × 6 [12코]
33단: 안 보이게 코줄이기 6 [6코]
꼬리실을 길게 남기고 끊는다. 바늘을 사용하여 꼬리실을 코의 앞쪽 고리에 엮고 단단히 당겨 정리한다. 실을 끊고 정리한다.

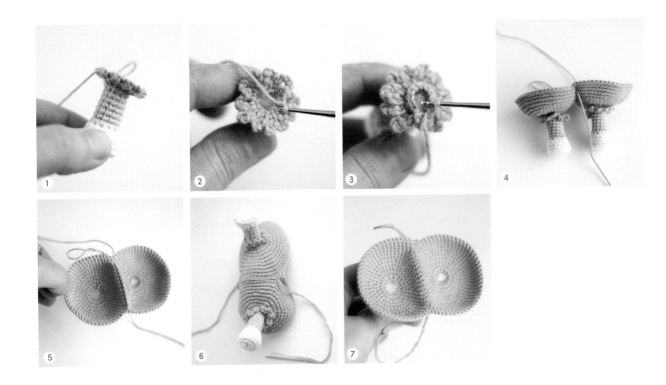

다리(2개) 실: 흰색, 연베이지색, 진노란색 / 코바늘 1.5mm

1단: 흰색. 매직링에 짧은뜨기 6 [6코]

2단: 코늘리기 6 [12코]

3단: (짧은뜨기 1, 코늘리기 1) × 6 [18코]

4단: 뒷고리 이랑뜨기로 짧은뜨기 18 [18코]

5단: 짧은뜨기 18 [18코]

> Note: 이때 발 안쪽에 평평한 단추를 넣는다. 귀여운 작은 발굽과 같은 모양을 만들려면 밑창을 평평하게 유지하는 것이 중요하다.

6단: (짧은뜨기 1, 안 보이게 코줄이기 1) × 6 [12코]

실 바꾸기: 연베이지색

7~12단: 짧은뜨기 12 [12코]

실 바꾸기: 진노란색. 충전재를 계속 채우면서 뜬다.

13단: 짧은뜨기 12 [12코]

14단: 앞고리 이랑뜨기로 (사슬뜨기 4, 짧은뜨기 1) × 12 [12코]

(사진 1) 이 단은 바지의 주름을 만든다.

15단: 이 단은 13단 코의 뒤쪽 고리에 작업한다. 짧은뜨기 12 [12코]

(사진 2-3)

16단: 코늘리기 12 [24코]

17단: (짧은뜨기 3, 코늘리기 1) × 6 [30코]

18단: 짧은뜨기 2, (코늘리기 1, 짧은뜨기 4) × 5, 코늘리기 1, 짧은뜨기 2 [36코]

19단: (짧은뜨기 5, 코늘리기 1) × 6 [42코]

20단: 짧은뜨기 3, (코늘리기 1, 짧은뜨기 6) × 5, 코늘리기 1, 짧은뜨기 3 [48코]

21단: (짧은뜨기 7, 코늘리기 1) × 6 [54코]

22~24단: 짧은뜨기 54 [54코]

첫 번째 다리는 꼬리실을 남기고 끊는다. 두 번째 다리는 실을 끊지 않고 남겨둔다. 24단의 13번째 사슬코에 마커로 표시한다. 다음 단에서는 두 다리를 연결하고 몸을 계속 이어서 뜬다.(사진 4)

몸 실: 진노란색, 흰색 / 코바늘 1.5mm

1단: 진노란색으로 계속 이어서 뜬다. 첫 번째 다리에 짧은뜨기로 연결, 첫 번째 다리에 짧은뜨기 41, 건너뛰기 12, 두 번째 다리에서 건너뛰기 12, 두 번째 다리의 13번째 코에 짧은뜨기 1, 두 번째 다리에서

건너뛰기 41 [84코]

2단: 짧은뜨기 84 [84코]

짧은뜨기를 20코 추가하여 단의 시작 부분을 몸 옆으로 옮기고, 마지막 사슬코에 마커로 표시한다. 여기가 새로운 단의 시작 지점이다.

> Note: 계산을 잘못해서 한 땀을 놓쳤거나 한 땀이 늘어났다고 당황할 필요 없다. 다음 단에서 코늘리기나 코줄이기를 하여 전체 콧수를 맞추면 된다. 인형이 크기 때문에 티가 나지 않는다.

실 바꾸기: 흰색. 첫 번째 다리의 남은 실로 다리 사이의 틈새를 꿰매어 닫는다.(사진 5-7)

3단: 뒷고리 이랑뜨기로 짧은뜨기 84 [84코]

4단: 스파이크 스티치 84 [84코]

5단: 뒷고리 이랑뜨기로 짧은뜨기 84 [84코]

6~14단: 짧은뜨기 84 [84코]

15단: 짧은뜨기 13, (안 보이게 코줄이기 1, 짧은뜨기 26) × 2, 안 보이게 코줄이기 1, 짧은뜨기 13 [81코]

16단: (짧은뜨기 25, 안 보이게 코줄이기 1) × 3 [78코]

17단: 짧은뜨기 12, (안 보이게 코줄이기 1, 짧은뜨기 24) × 2, 안 보이게 코줄이기 1, 짧은뜨기 12 [75코]

18단: (짧은뜨기 23, 안 보이게 코줄이기 1) × 3 [72코]

19단: 짧은뜨기 11, (안 보이게 코줄이기 1, 짧은뜨기 22) × 2, 안 보이게 코줄이기 1, 짧은뜨기 11 [69코]

20단: (짧은뜨기 21, 안 보이게 코줄이기 1) × 3 [66코]

21단: 짧은뜨기 10, (안 보이게 코줄이기 1, 짧은뜨기 20) × 2, 안 보이게 코줄이기 1, 짧은뜨기 10 [63코]

22단: (짧은뜨기 19, 안 보이게 코줄이기 1) × 3 [60코]

23단: 짧은뜨기 9, (안 보이게 코줄이기 1, 짧은뜨기 18) × 2, 안 보이게 코줄이기 1, 짧은뜨기 9 [57코]

24단: (짧은뜨기 17, 안 보이게 코줄이기 1) × 3 [54코]

25단: 짧은뜨기 8, (안 보이게 코줄이기 1, 짧은뜨기 16) × 2, 안 보이게 코줄이기 1, 짧은뜨기 8 [51코]

26단: (짧은뜨기 15, 안 보이게 코줄이기 1) × 3 [48코]

꼬리실을 길게 남기고 끊는다. 몸을 충전재로 단단히 채운다. 머리 26단의 남은 코의 앞쪽 고리에 머리와 몸을 함께 바느질하여 고정한다. 솔기를 닫기 전에 목 부위에 충전재를 더 채운다.(젓가락 사용)

팔(2개) 실: 연베이지색, 하늘색 / 코바늘 1.5mm

1단: 연베이지색. 매직링에 짧은뜨기 5 [5코]

2단: 코늘리기 5 [10코]

3단: 짧은뜨기 10 [10코]

4단: 짧은뜨기 4, 한길긴뜨기 5코 버블 스티치 1, 짧은뜨기 5 [10코]

5~16단: 짧은뜨기 10 [10코]

팔의 아랫부분만 충전재를 채워서 바느질 후 팔이 너무 튀어나오지 않도록 한다.

실 바꾸기: 하늘색

> Note: 실의 색깔을 바꾸는 지점이 팔의 안쪽에 있는지 확인한다. 몇 개의 짧은뜨기를 추가하거나 줄여 마지막 지점을 맞춘다.

17단: 뒷고리 이랑뜨기로 짧은뜨기 10 [10코]

18단: 스파이크 스티치 10 [10코]

19단: 뒷고리 이랑뜨기로 짧은뜨기 10 [10코]

20~21단: 짧은뜨기 10 [10코]

마지막 코가 엄지 손가락의 반대쪽이 되도록 짧은뜨기를 추가하거나 줄인다. 팔을 평평하게 하고 다음 단에서 두 겹을 겹쳐 작업한다.

22단: 짧은뜨기 5 [5코]

꼬리실을 길게 남기고 끊는다. 팔을 몸 옆면 22~23단 사이에 바느질하여 고정한다.

머리카락 실: 연갈색 / 코바늘 1.5mm

1단: 매직링에 짧은뜨기 6 [6코]

2단: 코늘리기 6 [12코]

3단: (짧은뜨기 1, 코늘리기 1) × 6 [18코]

4단: 짧은뜨기 1, (코늘리기 1, 짧은뜨기 2) × 5, 코늘리기 1, 짧은뜨기 1 [24코]

5단: (짧은뜨기 3, 코늘리기 1) × 6 [30코]

6단: 짧은뜨기 2, (코늘리기 1, 짧은뜨기 4) × 5, 코늘리기 1, 짧은뜨기 2 [36코]

7단: (짧은뜨기 5, 코늘리기 1) × 6 [42코]

8단: 짧은뜨기 3, (코늘리기 1, 짧은뜨기 6) × 5, 코늘리기 1, 짧은뜨기 3 [48코]

9단: (짧은뜨기 7, 코늘리기 1) × 6 [54코]

10단: 짧은뜨기 4, (코늘리기 1, 짧은뜨기 8) × 5, 코늘리기 1, 짧은뜨기 4 [60코]

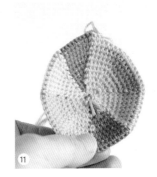

11단: (짧은뜨기 9, 코늘리기 1) × 6 [66코]

12단: 짧은뜨기 5, (코늘리기 1, 짧은뜨기 10) × 5, 코늘리기 1, 짧은뜨기 5 [72코]

13~15단: 짧은뜨기 72 [72코]

16~21단: 짧은뜨기 1, 긴뜨기 18, 짧은뜨기 42, 긴뜨기 9, 짧은뜨기 1, 빼뜨기 1 [72코]

22단: 짧은뜨기 2, 긴뜨기 14, 짧은뜨기 5 [21코]

뜨지 않은 코는 남겨둔다. 실을 끊고 정리한다.

- 머리카락을 머리의 약 45° 각도 위치로 정하고 핀으로 고정한다.
- 연갈색 실을 여러 가닥으로 나누고 바늘에 1~2가닥 넣는다.
- 머리 앞쪽 꼭대기의 가르마 부분을 핀으로 표시한다. 머리카락과 머리에 짧은 스티치 몇 개를 자수하여 가르마를 고정한다.(22쪽 사진 참조) 실을 끊고 정리한다.
- 다른 실 조각을 여러 가닥으로 나누고 1~2가닥을 사용하여 머리카락의 뒤쪽을 머리에 꿰맨다. 머리카락 아래에 충전재를 추가하여 볼륨을 준다.(토비의 머리카락은 다른 사람보다 충전재를 적게 채운다.)
- 머리 모양이 사진과 같이 매끄럽고 고르며 모양이 좋은지 확인한다. 원하는 모양이 나오면 연갈색 실 1~2가닥을 사용하여 머리 앞 부분을 이마에 꿰매고 실을 끊고 정리한다.

귀(2개) 실: 연베이지색 / 코바늘 1.5mm

실을 길게 남기고 시작한다.

1단: 매직링에 짧은뜨기 5 [5코]

매직링을 단단하게 닫아 고정하고 꼬리실을 길게 남기고 끊는다. 머리카락 가장자리 바로 아래, 머리 양쪽에 귀를 바느질하여 고정한다. 실

을 끊고 정리한다.

칼라 실: 하늘색 / 코바늘 1.5mm / 패턴 6(135쪽)

사슬뜨기 24

1단: 2번째 사슬코에서 시작하여 짧은뜨기 2, 사슬뜨기 10, 2번째 사슬코에서 시작하여 짧은뜨기 2, 사슬뜨기 21, 사슬뜨기 1, 뒤집기 [59코]

2단: 짧은뜨기 19, 건너뛰기 2, 한길긴뜨기 2, 다음 사슬코에 한길긴뜨기 5, 한길긴뜨기 2, 건너뛰기 2, 짧은뜨기 3, 건너뛰기 2, 한길긴뜨기 2, 다음 사슬코에 한길긴뜨기 5, 한길긴뜨기 2, 건너뛰기 2, 짧은뜨기 19 [59코]

꼬리실을 길게 남기고 끊는다. 칼라를 목에 감고 뒤쪽에 몇 땀 바느질하여 고정한다.

무지개 무늬 실: 진노란색, 진분홍색, 하늘색, 연보라색, 겨자색 / 코바늘 1.5mm

진노란색. 사슬뜨기 5

1단: 2번째 사슬코에서 시작하여 짧은뜨기 3, 다음 코에 짧은뜨기 4, 기초 사슬코의 반대쪽 고리에 실을 바꾸며 계속 뜬다. 짧은뜨기 3, {진분홍색} 사슬뜨기 1, 뒤집기 [10코]

2단: 짧은뜨기 3,코늘리기 4, 짧은뜨기 3, {하늘색} 사슬뜨기 1, 뒤집기 [14코]

3단: 짧은뜨기 3, (짧은뜨기 1, 코늘리기 1) × 4, 짧은뜨기 3, {연보라색} 사슬뜨기 1, 뒤집기 [18코]

4단: 짧은뜨기 4, (코늘리기 1, 짧은뜨기 2) × 3, 코늘리기 1, 짧은뜨기 4, {겨자색} 사슬뜨기 1, 뒤집기 [22코]

5단: 짧은뜨기 6, 코늘리기 1, 짧은뜨기 3, 코늘리기 2, 짧은뜨기 3, 코늘리기 1, 짧은뜨기 6 [26코]

실을 끊고 정리한다.(사진 8)

마무리하기

· 얼굴에 자수를 한다. 마커나 재봉핀을 사용하여 먼저 눈, 입, 뺨의 위치를 표시한다.

· 눈은 진회색 또는 검은색 자수실 1~2가닥을 사용하여 수놓는다. 얼굴의 17단에 16코 간격을 두고 배치한다.

· 분홍색 자수실을 사용하여 눈 아래에 뺨을 수놓는다.

· 셔츠 중앙, 아래에서 6번째 단에 무지개 무늬를 꿰맨다.

우산 머리 장식 실: 겨자색, 진분홍색, 하늘색, 주황색 / 코바늘

1.75mm

> Note: 우산 머리 장식은 네 가지 색깔의 실을 번갈아가며 작업한다. 이 부분에서 네 가지 색의 실을 사용하려면 태피스트리 기법(손뜨개 기초 15쪽 참조)을 사용하여 각각의 조각이 양쪽에서 잘 보이도록 하는 것이 좋다. 작업을 더 쉽게 하기 위해 더 큰 코바늘을 사용한다.

1단: {겨자색} 매직링에 짧은뜨기 8 [8코]

2단: ({겨자색} 코늘리기 1, {하늘색} 코늘리기 1, {진분홍색} 코늘리기 1, {주황색} 코늘리기 1) × 2 [16코] (사진 9)

3단: ({겨자색} 짧은뜨기 1, 코늘리기 1, {하늘색} 짧은뜨기 1, 코늘리기 1, {진분홍색} 짧은뜨기 1, 코늘리기 1, {주황색} 짧은뜨기 1, 코늘리기 1) × 2 [24코]

4단: ({겨자색} 짧은뜨기 2, 코늘리기 1, {하늘색} 짧은뜨기 2, 코늘리기 1, {진분홍색} 짧은뜨기 2, 코늘리기 1, {주황색} 짧은뜨기 2, 코늘리기 1) × 2 [32코]

5단: ({겨자색} 짧은뜨기 3, 코늘리기 1, {하늘색} 짧은뜨기 3, 코늘리기 1, {진분홍색} 짧은뜨기 3, 코늘리기 1, {주황색} 짧은뜨기 3, 코늘리기 1) × 2 [40코]

6단: ({겨자색} 짧은뜨기 4, 코늘리기 1, {하늘색} 짧은뜨기 4, 코늘리기 1, {진분홍색} 짧은뜨기 4, 코늘리기 1, {주황색} 짧은뜨기 4, 코늘리기 1) × 2 [48코]

7단: ({겨자색} 짧은뜨기 5, 코늘리기 1, {하늘색} 짧은뜨기 5, 코늘리기 1, {진분홍색} 짧은뜨기 5, 코늘리기 1, {주황색} 짧은뜨기 5, 코늘리기 1) × 2 [56코]

8단: ({겨자색} 짧은뜨기 7, {하늘색} 짧은뜨기 7, {진분홍색} 짧은뜨기 7, {주황색} 짧은뜨기 7) × 2 [56코]

9단: ({겨자색} 짧은뜨기 6, 코늘리기 1, {하늘색} 짧은뜨기 6, 코늘리기 1, {진분홍색} 짧은뜨기 6, 코늘리기 1, {주황색} 짧은뜨기 6, 코늘리기 1) × 2 [64코]

10단: ({겨자색} 짧은뜨기 8, {하늘색} 짧은뜨기 8, {진분홍색} 짧은뜨기 8, {주황색} 짧은뜨기 8) × 2 [64코]

11단: ({겨자색} 짧은뜨기 7, 코늘리기 1, {하늘색} 짧은뜨기 7, 코늘리기 1, {진분홍색} 짧은뜨기 7, 코늘리기 1, {주황색} 짧은뜨기 7, 코늘리기 1) × 2 [72코]

12단: ({겨자색} 짧은뜨기 9, {하늘색} 짧은뜨기 9, {진분홍색} 짧은뜨

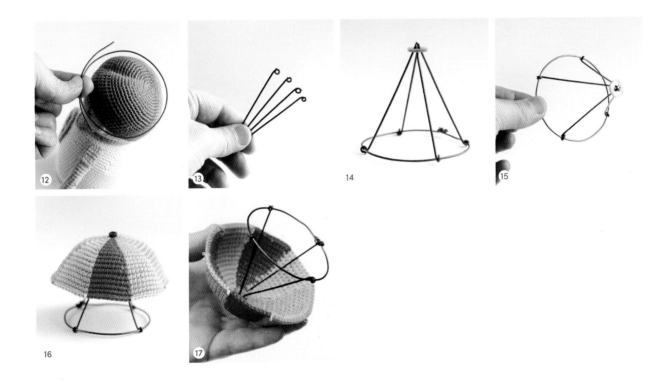

기 9, {주황색} 짧은뜨기 9) × 2 [72코]

13단: ({겨자색} 짧은뜨기 8, 코늘리기 1, {하늘색} 짧은뜨기 8, 코늘리기 1, {진분홍색} 짧은뜨기 8, 코늘리기 1, {주황색} 짧은뜨기 8, 코늘리기 1) × 2 [80코]

14단: ({겨자색} 짧은뜨기 10, {하늘색} 짧은뜨기 10, {진분홍색} 짧은뜨기 10, {주황색} 짧은뜨기 10) × 2 [80코]

15단: ({겨자색} 짧은뜨기 9, 코늘리기 1, {하늘색} 짧은뜨기 9, 코늘리기 1, {진분홍색} 짧은뜨기 9, 코늘리기 1, {주황색} 짧은뜨기 9, 코늘리기 1) × 2 [88코]

16단: ({겨자색} 짧은뜨기 11, {하늘색} 짧은뜨기 11, {진분홍색} 짧은뜨기 11, {주황색} 짧은뜨기 11) × 2 [88코]

실을 끊고 정리한다.(사진 10-11)

- 와이어 구조를 만들기 위해 토비의 머리에 맞는 링을 만든다. 하지만 아직 닫지 않는다.(사진 12)

- 만든 링의 지름과 같은 길이로 막대용 와이어를 네 조각으로 자른다.

- 플라이어를 사용하여 각각의 막대 한쪽에 작은 고리를 만들고 링에 밀어 넣는다.(사진 13)

- 막대를 잘 정리하고 네 개의 구멍이 있는 평평한 단추와 접착제(또는 글루건) 한 방울을 사용하여 맨 위에서 연결한다.(사진 14-15)

- 다른 접착제 한 방울로 와이어 구조에 우산을 고정한다.

- 무지개 부분이 너무 유연하다고 생각되면 와이어 구조에 부착하기 전에 풀을 바르고 다림질한다.

- 우산을 위쪽에 작은 단추와 각 아래쪽 모서리에 작은 구슬로 장식한다.(사진 16-17)

아울

아울은 룰라의 뒷마당에 살고 있는 올빼미예요.
되도록 아이들을 피하려고 노력하지요.
똑똑하지만 때로는 심술을 부리기도 해요.
먹을 때 누군가 큰 소리로 말하는 것을 좋아하지
않아요. 종종 간식으로 지렁이를 주는 보에게
특별하게 애착을 느끼고 있답니다.

난이도
★

완성 작품 크기
11.5 cm

재료 및 도구
- 실
  • 하늘색
  • 파란색
  • 와인색
  • 검은색
  • 겨자색(조금)
  • 분홍색(조금)
  • 빨간색(조금)
  • 흰색(조금)
- 코바늘 1.5mm
- 자수용 바늘
- 돗바늘
- 핀
- 작은 검은색 구슬 2개(1.5cm)
- 마커
- 충전재

www.amigurumi.com/3913
사이트에 작품을 올려보세요. 다른 작품을
통해 영감을 얻을 수 있어요.

머리 & 몸   실: 하늘색, 파란색 / 코바늘 1.5mm

1단: 하늘색. 매직링에 짧은뜨기 6 [6코]

2단: 코늘리기 6 [12코]

3단: (짧은뜨기 1, 코늘리기 1) × 6 [18코]

4단: 짧은뜨기 1, (코늘리기 1, 짧은뜨기 2) ×
5, 코늘리기 1, 짧은뜨기 1 [24코]

5단: (짧은뜨기 3, 코늘리기 1) × 6 [30코]

6단: 짧은뜨기 2, (코늘리기 1, 짧은뜨기 4) ×
5, 코늘리기 1, 짧은뜨기 2 [36코]

7단: (짧은뜨기 5, 코늘리기 1) × 6 [42코]

8단: 짧은뜨기 3, (코늘리기 1, 짧은뜨기 6) × 5, 코늘리기 1, 짧은뜨기 3
[48코]

9~20단: 짧은뜨기 48 [48코]

실 바꾸기: 파란색

21단: 짧은뜨기 48 [48코]

22단: 짧은뜨기 31, (코늘리기 1, 짧은뜨기 2) × 5, 코늘리기 1, 짧은뜨기 1
[54코]

23단: 짧은뜨기 30, (짧은뜨기 3, 코늘리기 1) × 6 [60코]

24단: 짧은뜨기 32, (코늘리기 1, 짧은뜨기 4) × 5, 코늘리기 1, 짧은뜨기 2
[66코]

25~36단: 짧은뜨기 66 [66코] (사진 1)

37단: (짧은뜨기 9, 안 보이게 코줄이기 1) × 6 [60코]
충전재를 계속 채우면서 뜬다.

38단: 짧은뜨기 4, (안 보이게 코줄이기 1, 짧은뜨기 8) × 5, 안 보이게 코
줄이기 1, 짧은뜨기 4 [54코]

39단: (짧은뜨기 7, 안 보이게 코줄이기 1) × 6 [48코]

40단: 짧은뜨기 3, (안 보이게 코줄이기 1, 짧은뜨기 6) × 5, 안 보이게 코
줄이기 1, 짧은뜨기 3 [42코]

41단: (짧은뜨기 5, 안 보이게 코줄이기 1) × 6 [36코]

42단: 짧은뜨기 2, (안 보이게 코줄이기 1, 짧은뜨기 4) × 5, 안 보이게 코
줄이기 1, 짧은뜨기 2 [30코]

43단: (짧은뜨기 3, 안 보이게 코줄이기 1) × 6 [24코]

44단: 짧은뜨기 1, (안 보이게 코줄이기 1, 짧은뜨기 2) × 5, 안 보이게 코
줄이기 1, 짧은뜨기 1 [18코]

45단: (안 보이게 코줄이기 1, 짧은뜨기 1) × 6 [12코]
머리와 몸에 충전재를 단단하게 채운다.

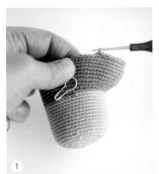

Note: 머리 위와 몸 아랫부분이 반구 모양으로 잘 잡혀 있고, 평평하거나 주름이 지지 않았는지 확인한다.

46단: 안 보이게 코줄이기 6 [6코]

꼬리실을 길게 남기고 끊는다. 꼬리실을 코의 앞쪽 고리에 엮고 단단히 당겨 정리한다. 실을 끊고 정리한다.

날개(2개) : 작은 깃털+큰 깃털

작은 깃털 실: 와인색 / 코바늘 1.5mm

1단: 매직링에 짧은뜨기 6 [6코]

2단: 코늘리기 6 [12코]

3~4단: 짧은뜨기 12 [12코]

실을 끊고 정리한다. 작은 깃털에는 충전재를 채우지 않는다.

큰 깃털 실: 와인색 / 코바늘 1.5mm

1단: 매직링에 짧은뜨기 6 [6코]

2단: 코늘리기 6 [12코]

3단: (짧은뜨기 1, 코늘리기 1) × 6 [18코]

4단: 짧은뜨기 1, (코늘리기 1, 짧은뜨기 2) × 5, 코늘리기 1, 짧은뜨기 1 [24코]

5단: (짧은뜨기 3, 코늘리기 1) × 6 [30코]

6~9단: 짧은뜨기 30 [30코]

다음 단에서 작은 깃털과 큰 깃털을 합친다.

10단: 큰 깃털에 짧은뜨기 15, 작은 깃털에 짧은뜨기 12, 큰 깃털에 짧은뜨기 15 [42코] (사진 2)

11~14단: 짧은뜨기 42 [42코]

15단: 짧은뜨기 6, (안 보이게 코줄이기 1, 짧은뜨기 12) × 2, 안 보이게 코줄이기 1, 짧은뜨기 6 [39코]

16단: (짧은뜨기 11, 안 보이게 코줄이기 1) × 3 [36코]

17단: 짧은뜨기 5, (안 보이게 코줄이기 1, 짧은뜨기 10) × 2, 안 보이게 코줄이기 1, 짧은뜨기 5 [33코]

18단: (짧은뜨기 9, 안 보이게 코줄이기 1) × 3 [30코]

19단: 짧은뜨기 4, (안 보이게 코줄이기 1, 짧은뜨기 8) × 2, 안 보이게 코줄이기 1, 짧은뜨기 4 [27코]

20단: (짧은뜨기 7, 안 보이게 코줄이기 1) × 3 [24코]

21단: 짧은뜨기 24 [24코]

Note: 완성된 날개는 장갑처럼 보인다.

실을 끊지 않고 남겨둔다.

- 빨간색 자수실을 사용하여 날개 전체에 프렌치 매듭을 만든다. (사진 3) 마지막에 날개를 달 때는 거울에 비치는 것처럼 마주보게 놓아야 한다.
- 몇 개의 짧은뜨기를 추가하거나 줄여서 마지막 코가 작은 깃털의 반대쪽에 오도록 한다.
- 날개는 충전재를 채우지 않는다. 날개를 평평하게 펴고 다음 단에서 두 겹을 겹쳐 작업한다.

22단: 짧은뜨기 12 [12코]

꼬리실을 길게 남기고 끊는다.

배 실: 하늘색 / 코바늘 1.5mm

1단: 매직링에 짧은뜨기 6 [6코]

2단: 코늘리기 6 [12코]

3단: (짧은뜨기 1, 코늘리기 1) × 6 [18코]

4단: 짧은뜨기 1, (코늘리기 1, 짧은뜨기 2) × 5, 코늘리기 1, 짧은뜨기 1 [24코]

5단: (짧은뜨기 3, 코늘리기 1) × 6 [30코]

6단: 짧은뜨기 2, (코늘리기 1, 짧은뜨기 4) × 5, 코늘리기 1, 짧은뜨기 2 [36코]

7단: (짧은뜨기 5, 코늘리기 1) × 6 [42코]

8단: 짧은뜨기 3, (코늘리기 1, 짧은뜨기 6) × 5, 코늘리기 1, 짧은뜨기 3 [48코]

9단: (짧은뜨기 7, 코늘리기 1) × 6 [54코]

10단: 짧은뜨기 4, (코늘리기 1, 짧은뜨기 8) × 5, 코늘리기 1, 짧은뜨기 4 [60코]

꼬리실을 길게 남기고 끊는다. 배의 오른쪽에 하늘색 실을 사용하여 프렌치 매듭을 만든다.

수염 실: 검은색 / 코바늘 1.5mm

> Note: 이 책은 전문적인 조류학 책이 아니므로 올빼미 몸의 명칭을 달지 않았다. 대신 '수염'과 '일자 눈썹'과 같은 간단한 단어를 사용했다.

1단: 매직링에 짧은뜨기 5 [5코]

2단: 코늘리기 5 [10코]

3단: 짧은뜨기 10 [10코]

4~6단: 안 보이게 코줄이기 1, 짧은뜨기 2, 코늘리기 2, 짧은뜨기 2, 안 보이게 코줄이기 1 [10코]

7단: 짧은뜨기 4, 코늘리기 2, 짧은뜨기 4 [12코]

8~10단: 안 보이게 코줄이기 1, 짧은뜨기 3, 코늘리기 2, 짧은뜨기 3, 안 보이게 코줄이기 1 [12코]

11단: 짧은뜨기 5, 코늘리기 2, 짧은뜨기 5 [14코]

12~20단: 안 보이게 코줄이기 1, 짧은뜨기 4, 코늘리기 2, 짧은뜨기 4, 안 보이게 코줄이기 1 [14코]

21단: 안 보이게 코줄이기 1, 짧은뜨기 10, 안 보이게 코줄이기 1 [12코]

22~24단: 안 보이게 코줄이기 1, 짧은뜨기 3, 코늘리기 2, 짧은뜨기 3, 안 보이게 코줄이기 1 [12코]

25단: 안 보이게 코줄이기 1, 짧은뜨기 8, 안 보이게 코줄이기 1 [10코]

26~28단: 안 보이게 코줄이기 1, 짧은뜨기 2, 코늘리기 2, 짧은뜨기 2, 안 보이게 코줄이기 1 [10코]

29단: 짧은뜨기 10 [10코]

수염에 충전재를 가볍게 채운다.

30단: 안 보이게 코줄이기 5 [5코]

꼬리실을 길게 남기고 끊는다. 바늘을 사용하여 꼬리실을 코의 앞쪽 고리에 엮고 단단히 당겨 정리한다. 실을 끊고 정리한다.(사진 4)

꼬리 : 큰 깃털+작은 깃털

꼬리는 깃털 3개(옆에 작은 깃털 2개, 중앙에 큰 깃털 1개)로 이루어져 있다.

큰 깃털 실: 검은색 / 코바늘 1.5mm

1단: 매직링에 짧은뜨기 6 [6코]

2단: 코늘리기 6 [12코]

3~5단: 짧은뜨기 12 [12코]

큰 깃털은 충전재를 채우지 않는다. 실을 끊고 정리한다.

작은 깃털 (2개) 실: 검은색 / 코바늘 1.5mm

1단: 매직링에 짧은뜨기 6 [6코]

2단: (짧은뜨기 1, 코늘리기 1) × 3 [9코]

3~5단: 짧은뜨기 9 [9코]

작은 깃털은 충전재를 채우지 않는다. 첫 번째 깃털은 실을 끊고 정리한다. 두 번째 깃털은 실을 끊지 않고 남겨둔다.

깃털 연결하기

다음 단에서 깃털을 연결한다.

1단: 두 번째 작은 깃털에 짧은뜨기 4 , 큰 깃털에 짧은뜨기 6, 첫 번째 작은 깃털에 짧은뜨기 9, 큰 깃털에 짧은뜨기 6, 두 번째 작은 깃털에 짧은뜨기 5 [30코]

2단: 짧은뜨기 30 [30코]

3단: 짧은뜨기 4, (안 보이게 코줄이기 1, 짧은뜨기 8) × 2, 안 보이게 코줄이기 1, 짧은뜨기 4 [27코]

4단: (짧은뜨기 7, 안 보이게 코줄이기 1) × 3 [24코]

몇 개의 짧은뜨기를 추가하거나 줄여서 마지막 코가 꼬리의 옆에 오도록 한다. 꼬리를 평평하게 펴고 다음 단에서 두 겹을 겹쳐 작업한다.

5단: 짧은뜨기 12 [12코]

꼬리실을 길게 남기고 끊는다.

귀(2개) 실: 검은색 / 코바늘 1.5mm

1단: 매직링에 짧은뜨기 6 [6코]

2단: (짧은뜨기 1, 코늘리기 1) × 3 [9코]

3~4단: 짧은뜨기 9 [9코]

5단: 안 보이게 코줄이기 1, 짧은뜨기 7 [8코]

6단: 짧은뜨기 3, 안 보이게 코줄이기 1, 짧은뜨기 3 [7코]

7단: 안 보이게 코줄이기 1, 짧은뜨기 5 [6코]

귀는 충전재를 채우지 않는다. 꼬리실을 길게 남기고 끊는다. 바늘을 사용하여 꼬리실을 코의 앞쪽 고리에 엮고 단단히 당겨 정리한다. 꼬리실을 길게 남기고 끊는다.

긴 일자 눈썹 실: 흰색 / 코바늘 1.5mm

　 Note: 눈썹은 충전재를 가볍게 채워도 되고, 단단하게 채워도 좋다.

1단: 매직링에 짧은뜨기 6 [6코]

2단: 코늘리기 6 [12코]

3~5단: 짧은뜨기 12 [12코]

6단: 짧은뜨기 5, 안 보이게 코줄이기 1, 짧은뜨기 5 [11코]

7단: 안 보이게 코줄이기 1, 짧은뜨기 9 [10코]

8단: 짧은뜨기 4, 안 보이게 코줄이기 1, 짧은뜨기 4 [9코]

9~18단: 짧은뜨기 9 [9코]

19단: 짧은뜨기 4, 코늘리기 1, 짧은뜨기 4 [10코]

20단: 코늘리기 1, 짧은뜨기 9 [11코]

21단: 짧은뜨기 5, 코늘리기 1, 짧은뜨기 5 [12코]

22~25단: 짧은뜨기 12 [12코]

26단: 안 보이게 코줄이기 6 [6코]

꼬리실을 길게 남기고 끊는다. 바늘을 사용하여 꼬리실을 앞쪽 사슬코에 엮고 단단히 당겨 정리한다. 실을 끊고 정리한다.

짧은 일자 눈썹 실: 와인색 / 코바늘 1.5mm

　 Note: 눈썹은 충전재를 가볍게 채워도 되고, 단단하게 채워도 좋다.

1단: 매직링에 짧은뜨기 6 [6코]

2단: (짧은뜨기 1, 코늘리기 1) × 3 [9코]

3~4단: 짧은뜨기 9 [9코]

5단: 안 보이게 코줄이기 1, 짧은뜨기 7 [8코]

6단: 짧은뜨기 3, 안 보이게 코줄이기 1, 짧은뜨기 3 [7코]

7단: 안 보이게 코줄이기 1, 짧은뜨기 5 [6코]

8단: 짧은뜨기 6 [6코]

9단: 코늘리기 1, 짧은뜨기 5 [7코]

10단: 짧은뜨기 3, 코늘리기 1, 짧은뜨기 3 [8코]

11단: 코늘리기 1, 짧은뜨기 7 [9코]

12~14단: 짧은뜨기 9 [9코]

15단: (안 보이게 코줄이기 1, 짧은뜨기 1) × 3 [6코]

꼬리실을 길게 남기고 끊는다. 바늘을 사용하여 꼬리실을 앞쪽 사슬코에 엮고 단단히 당겨 정리한다. 실을 끊고 정리한다.

눈(2개) 실: 겨자색 / 코바늘 1.5mm

1단: 매직링에 짧은뜨기 7, 첫 코에 빼뜨기 1, 사슬뜨기 1 [7코]

2단: 코늘리기 7, 첫 코에 빼뜨기 1 [14코]

꼬리실을 길게 남기고 끊는다.

다리(2개) 실: 겨자색 / 코바늘 1.5mm

실을 길게 남기고 시작한다.

1단: 사슬뜨기 10, 2번째 사슬코에서 시작하여 빼뜨기 3, (사슬뜨기 4, 2번째 사슬코에서 시작하여 빼뜨기 3) × 2, 빼뜨기 6 [15코]

꼬리실을 길게 남기고 끊는다.

연결 & 마무리하기

Note: 올빼미의 각 부분을 약간 비대칭으로 꿰매면 완성된 캐릭터가 더 장난기 있고 생기발랄해 보이며 사진을 찍어도 더 재밌어 보인다.

- 몸 앞쪽의 24~43단 사이에 배 부분을 꿰맨다.(몸의 아랫부분에서 3~4단에 배 부분의 아랫부분을 맞춘다.) 몸에서 더 늘어난 부분이 뒤쪽 부분(등)이다.

- 수염을 머리 주위에 감고 끝을 13단에 바느질하여 고정한다. 뒤쪽에 24코가 남는다.(사진 8-9)

- 날개를 몸 옆면에 바느질하여 고정한다. 날개의 위쪽 가장자리가 21단에 오도록 하면 작은 깃털이 배 부분에 닿을 수 있다.

- 꼬리를 몸 뒤쪽의 33~34단 사이에 바느질하여 고정한다.

- 눈에 작은 검은색 구슬을 꿰매어 눈동자를 만든다.

  Note: 구슬 대신 검은색 실로 수놓거나 프렌치 매듭으로 눈동자를 표현해도 좋다.

- 얼굴에 자수를 한다. 눈은 머리의 8~13단 사이에 6코 간격으로 바느질하여 고정한다.

  Note: 눈이 매우 작아 실 끝을 여러 가닥으로 나누어 그중 하나만 사용하여 꿰매는 것이 좋다.

- 짧은 일자 눈썹은 6~8단 사이에 위치하도록, 큰 일자 눈썹은 8~11단 사이에 위치하도록 바느질하여 고정한다.(사진 7-8)

- 귀는 눈 바로 뒤쪽 머리에 바느질하여 고정한다. .

- 주황색 실을 사용하여 눈 사이에 부리를 수놓는다. 부리는 너비가 3코, 길이는 4코 정도의 크기이다.

- 빨간색 실을 사용하여 눈 아래에 뺨을 수놓는다.

- 올빼미의 균형을 고려하여 몸의 배 위에 다리를 바느질하여 고정한다.

스테판

항상 성실하고 예의 바른 스테판은 지역 우체국에서 일합니다. 그는 모든 우편물을 제 시간에 정확히 배달하지요. 그는 신문을 배달할 때마다 민트 캐러멜을 남겨두곤 하는데, 이것은 이웃의 하루를 밝게 만드는 작은 선물입니다.

난이도
★★

완성 작품 크기
24.5 cm

재료 및 도구
- 실
  • 진회색
  • 겨자색
  • 연베이지색
  • 파란색(조금)
  • 연갈색(조금)
- 코바늘 1.5mm
- 자수용 바늘
- 돗바늘
- 핀
- 발을 지탱하기 위한 단추 2개(1.4cm)
- 주머니와 가방용 작은 단추 또는 구슬 3개(2mm)
- 모자용 작은 회색 단추 1개(4mm)
- 마커
- 충전재

www.amigurumi.com/3914
사이트에 작품을 올려보세요. 다른 작품을 통해 영감을 얻을 수 있어요.

다리(2개)   실: 파란색 / 코바늘 1.5mm

Note: 스테판의 바지는 그랜마의 바지와 비슷하다. 다리와 바지 다리를 따로 떠야 하는데, 바지 다리를 다리에 직접 부착한 다음 바지 다리를 함께 연결하여 몸을 만든다. 바지가 길고 벗겨지지 않도록 뜨려면 두 배의 작업량이 될 것이라고 생각할 수 있지만, 속이 비어 있는 가짜 바지이기 때문에 작업량은 비슷하다.

1단: 매직링에 짧은뜨기 7 [7코]

2단: 코늘리기 7 [14코]

3단: (짧은뜨기 1, 코늘리기 1) × 7 [21코]

4단: 뒷고리 이랑뜨기로 짧은뜨기 21 [21코]

5단: 짧은뜨기 21 [21코]

Note: 이때 발 안쪽에 평평한 단추를 넣는다. 귀여운 작은 발굽과 같은 모양을 만들려면 밑창을 평평하게 유지하는 것이 중요하다.

6단: (안 보이게 코줄이기 1, 짧은뜨기 1) × 7 [14코]

Note: 바지가 길고 벗겨지지 않기 때문에 다리 부분이 잘 보이지 않으므로 7단부터 남은 실이나 인기 없는 색깔의 실을 사용해도 된다.

7~34단: 짧은뜨기 14 [14코]
충전재를 계속 채우면서 뜬다.

35단: (짧은뜨기 1, 코늘리기 1) × 7 [21코]

36단: 짧은뜨기 1, (코늘리기 1, 짧은뜨기 2) × 6, 코늘리기 1, 짧은뜨기 1 [28코]

37단: (짧은뜨기 3, 코늘리기 1) × 7 [35코]

38단: 짧은뜨기 35 [35코]
실을 끊고 정리한다.
다리에 충전재가 단단하게 채워졌는지 확인한다. 다리는 따로 두고 바지 다리를 만든다.

바지 다리(2개)   실: 진회색 / 코바늘 1.5mm

실을 길게 남기고 시작한다. 나중에 바지 다리 밑부분을 한 단 더 뜰 때 필요하다. 사슬뜨기 24. 첫 코에 빼뜨기하여 원 모양을 만든다.

1단: 짧은뜨기 24 [24코]

2~6단: 짧은뜨기 24 [24코]

7단: (짧은뜨기 7, 코늘리기 1) × 3 [27코]

8~12단: 짧은뜨기 27 [27코]

13단: 짧은뜨기 4, (코늘리기 1, 짧은뜨기 8) × 2, 코

으로 연결하되 실을 끊지 않고 남겨둔다. 다음 단에서 바지 다리를 모두 연결하고 몸을 이어서 뜬다.

몸 실: 진회색, 겨자색 / 코바늘 1.5mm

1단: 진회색. 첫 번째 바지 다리에 짧은뜨기로 연결, 첫 번째 바지 다리에 짧은뜨기 29, 첫 번째 바지 다리에 짧은뜨기 5코 건너뛰기, 두 번째 바지 다리에 짧은뜨기 5코 건너뛰기, 두 번째 바지 다리 6번째 코에 짧은뜨기 1, 두 번째 바지 다리에 짧은뜨기 29 [60코]

2단: 짧은뜨기 60 [60코]

3단: (짧은뜨기 9, 코늘리기 1) × 6 [66코]

첫 번째 바지 다리 부분에 남은 실을 이용하여 다리 사이의 틈을 꿰매어 닫는다.

4단: 짧은뜨기 5, (코늘리기 1, 짧은뜨기 10) × 5, 코늘리기 1, 짧은뜨기 5 [72코]

5단: 뒷고리 이랑뜨기로 짧은뜨기 72 [72코]

태피스트리 패턴으로 진회색과 겨자색 실을 번갈아가며 뜬다. 재킷의 어두운 부분이 중앙에 있고 노란색 부분이 측면에 있는지 확인한다. 필요한 경우 몇 개의 짧은뜨기를 더 만들거나 줄인다.

6~19단: {겨자색} 짧은뜨기 9, {진회색}
짧은뜨기 18, {겨자색} 짧은뜨기 18, {진회색} 짧은뜨기 18, {겨자색}
짧은뜨기 9 [72코] (사진 1)

실 바꾸기: 진회색

20단: 짧은뜨기 72 [72코]

21단: 짧은뜨기 5, (안 보이게 코줄이기 1, 짧은뜨기 10) × 5, 안 보이게 코줄이기 1, 짧은뜨기 5 [66코]

22단: (짧은뜨기 9, 안 보이게 코줄이기 1) × 6 [60코]

실 바꾸기: 겨자색

23단: 짧은뜨기 60 [60코]

24단: 짧은뜨기 9, (안 보이게 코줄이기 1, 짧은뜨기 18) × 2, 안 보이게 코줄이기 1, 짧은뜨기 9 [57코]

25단: (짧은뜨기 17, 안 보이게 코줄이기 1) × 3 [54코]

26단: 짧은뜨기 8, (안 보이게 코줄이기 1, 짧은뜨기 16) × 2, 안 보이게 코줄이기 1, 짧은뜨기 8 [51코]

27단: (짧은뜨기 15, 안 보이게 코줄이기 1) × 3 [48코]

28단: 짧은뜨기 7, (안 보이게 코줄이기 1, 짧은뜨기 14) × 2, 안 보이게 코줄이기 1, 짧은뜨기 7 [45코]

늘리기 1, 짧은뜨기 4 [30코]

14~18단: 짧은뜨기 30 [30코]

19단: (짧은뜨기 9, 코늘리기 1) × 3 [33코]

20~24단: 짧은뜨기 33 [33코]

25단: 코늘리기 1, 짧은뜨기 15, 코늘리기 1, 짧은뜨기 16 [35코]

26~30단: 짧은뜨기 35 [35코]

실을 끊지 않고 남겨둔다. 1단으로 돌아가서 처음에 남겨둔 실을 사용하여 바지 다리 아랫부분을 따라 빼뜨기한다. 실을 끊고 정리한다.

- 30단에 계속 이어 뜬다. 3~4코의 짧은뜨기를 추가하거나 줄여 단의 시작 부분을 바지 다리 옆으로 옮기고 마커로 표시한다. 여기가 새로운 단의 시작 지점이다.
- 바지 다리를 다리 위에 놓고 가장자리를 정렬한다. 다음 단에서 다리와 바지 다리를 연결한다.

31단: 다리와 바지 다리 두 부분을 겹쳐 뜬다. 짧은뜨기 35 [35코]
꼬리실을 길게 남기고 끊는다. 두 번째 다리와 바지 다리도 같은 방식

29단: (짧은뜨기 13, 안 보이게 코줄이기 1) × 3 [42코]
빼뜨기한 후 꼬리실을 길게 남기고 끊는다.

- 스웨터 조끼 덧대기를 한다. 인형의 속을 채우지 않은 상태에서 하는 것이 더 쉽다.
- 다리가 몸에서 멀어지도록 잡고 몸의 4단 마지막 뜨지 않은 코의 앞쪽 고리에서 진회색 실을 끌어온다.

끝단: 사슬뜨기 2, 앞고리 이랑뜨기로 한길긴뜨기 72, 첫 코에 빼뜨기 [72코]
실을 끊고 정리한다. 몸에 충전재를 단단하게 채운다.

머리 실: 연베이지색 / 코바늘 1.5mm

1단: 매직링에 짧은뜨기 6 [6코]
2단: 코늘리기 6 [12코]
3단: (짧은뜨기 1, 코늘리기 1) × 6 [18코]
4단: 짧은뜨기 1, (코늘리기 1, 짧은뜨기 2) × 5, 코늘리기 1, 짧은뜨기 1 [24코]
5단: (짧은뜨기 3, 코늘리기 1) × 6 [30코]
6단: 짧은뜨기 2, (코늘리기 1, 짧은뜨기 4) × 5, 코늘리기 1, 짧은뜨기 2 [36코]
7단: (짧은뜨기 5, 코늘리기 1) × 6 [42코]
8단: 짧은뜨기 3, (코늘리기 1, 짧은뜨기 6) × 5, 코늘리기 1, 짧은뜨기 3 [48코]
9단: (짧은뜨기 7, 코늘리기 1) × 6 [54코]
10단: 짧은뜨기 4, (코늘리기 1, 짧은뜨기 8) × 5, 코늘리기 1, 짧은뜨기 4 [60코]
11단: (짧은뜨기 9, 코늘리기 1) × 6 [66코]
12~26단: 짧은뜨기 66 [66코]
27단: (짧은뜨기 9, 안 보이게 코줄이기 1) × 6 [60코]
28단: 짧은뜨기 4, (안 보이게 코줄이기 1, 짧은뜨기 8) × 5, 안 보이게 코줄이기 1, 짧은뜨기 4 [54코]
29단: (짧은뜨기 7, 안 보이게 코줄이기 1) × 6 [48코]
충전재를 계속 채우면서 뜬다.
30단: 짧은뜨기 3, (안 보이게 코줄이기 1, 짧은뜨기 6) × 5, 안 보이게 코줄이기 1, 짧은뜨기 3 [42코]
31단: 뒷고리 이랑뜨기로 (짧은뜨기 5, 안 보이게 코줄이기 1) × 6 [36코]

32단: 짧은뜨기 2, (안 보이게 코줄이기 1, 짧은뜨기 4) × 5, 안 보이게 코줄이기 1, 짧은뜨기 2 [30코]
33단: (짧은뜨기 3, 안 보이게 코줄이기 1) × 6 [24코]
34단: 짧은뜨기 1, (안 보이게 코줄이기 1, 짧은뜨기 2) × 5, 안 보이게 코줄이기 1, 짧은뜨기 1 [18코]
머리에 충전재를 단단하게 채운다.
35단: (안 보이게 코줄이기 1, 짧은뜨기 1) × 6 [12코]
36단: 안 보이게 코줄이기 6 [6코]
꼬리실을 길게 남기고 끊는다. 바늘을 사용하여 꼬리실을 앞쪽 사슬코에 엮고 단단히 당겨 정리한다. 실을 끊고 정리한다. 머리 부분 30단의 남은 앞쪽 사슬코를 사용하여 머리와 몸을 함께 바느질하여 고정한다. 솔기를 닫기 전에 목과 어깨 부위에 충전재를 단단하게 채운다.(젓가락 사용)

팔(2개) 실: 연베이지색, 겨자색, 진회색 / 코바늘 1.5mm

1단: 연베이지색. 매직링에 짧은뜨기 6 [6코]

2단: (코늘리기 1, 짧은뜨기 1) × 3 [9코]

3단: 짧은뜨기 9 [9코]

4단: 짧은뜨기 4, 한길긴뜨기 5코 버블 스티치 1, 짧은뜨기 4 [9코]

5~7단: 짧은뜨기 9 [9코]

실 바꾸기: 겨자색

> Note: 실의 색깔을 바꾸는 지점이 팔의 안쪽에 있는지 확인한다. 몇 개의 짧은뜨기를 추가하거나 줄여 마지막 지점을 맞춘다.

8단: 앞고리 이랑뜨기로 코늘리기 9 [18코]

9단: 짧은뜨기 1, (코늘리기 1, 짧은뜨기 2) × 5, 코늘리기 1, 짧은뜨기 1 [24코]

10~11단: 짧은뜨기 24 [24코]

손에 충전재를 채운다. 태피스트리 패턴으로 겨자색과 진회색을 번갈아가며 뜬다. 엄지가 어두운 부분의 중앙에 있는지 확인한다. 필요한 경우 몇 개의 짧은뜨기를 추가하거나 줄여 마지막 지점을 맞춘다.

12~28단: {겨자색} 짧은뜨기 11, {진회색} 짧은뜨기 10, {겨자색} 짧은뜨기 3 [24코]

겨자색 실로 계속 이어 뜬다.

29단: 짧은뜨기 3, (안 보이게 코줄이기 1, 짧은뜨기 6) × 2, 안 보이게 코줄이기 1, 짧은뜨기 3 [21코]

30단: 짧은뜨기 21 [21코]

31단: (짧은뜨기 5, 안 보이게 코줄이기 1) × 3 [18코]

32단: 짧은뜨기 18 [18코](사진 2-3)

팔의 아랫부분만 충전재를 채워서 바느질 후 팔이 너무 튀어나오지 않

도록 한다. 마지막 코가 엄지 손가락의 반대쪽이 되도록 짧은뜨기를 추가하거나 줄인다. 팔을 평평하게 하고 다음 단에서 두 겹을 겹쳐 작업한다.

33단: 짧은뜨기 9 [9코]

꼬리실을 길게 남기고 끊는다. 팔을 몸 옆에 바느질하여 고정하고, 몸 22단(진회색으로 뜨개질한 마지막 단)에 소매에 있는 어두운 부분의 윗부분을 바느질한다. 엄지손가락이 안쪽을 향하고 있는지 확인한다.

바지 주머니(2개) 실: 진회색, 겨자색, 진회색 / 코바늘 1.5mm

진회색. 사슬뜨기 7. 기초 사슬코의 양쪽을 따라 뜬다.

1단: 2번째 사슬코에서 시작하여 짧은뜨기 5, 다음 코에 짧은뜨기 4. 기초 사슬코의 반대쪽 고리에 짧은뜨기 4, 다음 코에 짧은뜨기 3 [16코]

2~4단: 짧은뜨기 16 [16코]

실 바꾸기: 겨자색

5단: 뒷고리 이랑뜨기로 짧은뜨기 16 [16코]

6~10단: 짧은뜨기 16 [16코]

11단: (안 보이게 코줄이기 1, 짧은뜨기 6) × 2 [14코]

꼬리실을 길게 남기고 끊는다. 편물을 펴고 (겨자색) 바닥의 틈새를 꿰매어 닫는다.(사진 4) 주머니를 손 끝 3~4단 아래, 바지 다리 바깥쪽에 꿰매어 스테판이 쉽게 주머니에 접근할 수 있도록 한다.(사진 5) 각각의 주머니에 작은 단추를 달아 장식한다.

멀릿(뒷머리 스타일) 실: 연갈색 / 코바늘 1.5mm / 패턴 2(135쪽)

실을 길게 남기고 시작한다. 사슬뜨기 5

1단: 2번째 사슬코에서 시작하여 짧은뜨기 4, 사슬뜨기 1, (사슬뜨기 16, 3번째 사슬코에서 시작하여 한길긴뜨기 12, 긴뜨기 1, 짧은뜨기 1) × 16, 사슬뜨기 6, 2번째 사슬코에서 시작하여 짧은뜨기 4
꼬리실을 길게 남기고 끊는다.

> Note: 멀릿은 화환처럼 보여야 한다. 가장자리의 짧은 부분은 스테 판의 구레나룻이다.

- 2가닥의 실을 사용하여 머리 뒤쪽 18~19단 사이에 멀릿의 윗부분을 꿰맨다.
- 연갈색 실 1가닥을 사용하여 멀릿 윗부분을 머리 5~6단에 고정하여 너무 말려 올라가지 않도록 한다.(사진 6)
- 구레나룻과 큰 컬 사이에 약간의 공간을 남겨둔다. 귀를 그 사이에 꿰맨다.

머리 패치 실: 연갈색 / 코바늘 1.5mm

사슬뜨기 14. 기초 사슬코의 양쪽을 따라 뜬다.

1단: 3번째 사슬코에서 시작하여 한길긴뜨기 11, 다음 코에 한길긴뜨기 6, 기초 사슬코 반대쪽 고리에 한길긴뜨기 10, 다음 코에 한길긴뜨기 5 [32코]

실을 끊고 정리한다. 연갈색 실 1가닥을 사용하여 머리 꼭대기에 머리 패치를 꿰맨다.(사진 7)

귀(2개) 실: 연베이지색 / 코바늘 1.5mm

실을 길게 남기고 시작한다.

1단: 매직링에 짧은뜨기 7 [7코]

매직링을 단단하게 닫아 고정하고 꼬리실을 길게 남기고 끊는다. 귀를 머리 양쪽, 구레나룻 바로 뒤에 꿰매고, 실을 끊고 정리한다.

모자 캡 실: 겨자색, 진회색 / 코바늘 1.5mm

1단: 겨자색. 매직링에 짧은뜨기 6 [6코]

2단: 짧은뜨기 6 [6코]

3단: 뒷고리 이랑뜨기로 코늘리기 6 [12코]

4단: (짧은뜨기 1, 코늘리기 1) × 6 [18코]

5단: 짧은뜨기 1, (코늘리기 1, 짧은뜨기 2) × 5, 코늘리기 1, 짧은뜨기 1 [24코]

6단: (짧은뜨기 3, 코늘리기 1) × 6 [30코]

7단: 짧은뜨기 2, (코늘리기 1, 짧은뜨기 4) × 5, 코늘리기 1, 짧은뜨기 2 [36코]

8단: (짧은뜨기 5, 코늘리기 1) × 6 [42코]

9단: 짧은뜨기 3, (코늘리기 1, 짧은뜨기 6) × 5, 코늘리기 1, 짧은뜨기 3 [48코]

10단: (짧은뜨기 7, 코늘리기 1) × 6 [54코]

11단: 짧은뜨기 4, (코늘리기 1, 짧은뜨기 8) × 5, 코늘리기 1, 짧은뜨기 4 [60코]

12단: (짧은뜨기 9, 코늘리기 1) × 6 [66코]

13단: 짧은뜨기 5, (코늘리기 1, 짧은뜨기 10) × 5, 코늘리기 1, 짧은뜨기 5 [72코]

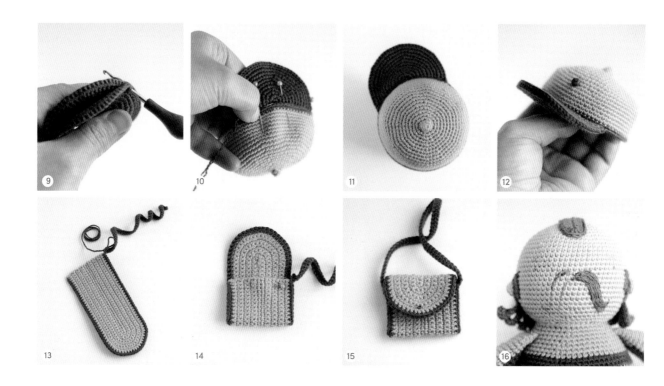

14~21단: 짧은뜨기 72 [72코]

실 바꾸기: 진회색

22단: 짧은뜨기 72 [72코](사진 8)

빼뜨기한 후, 실을 끊고 정리한다.

모자 바이저 실: 진회색 / 코바늘 1.5mm

1단: 매직링에 짧은뜨기 8 [8코]

2단: 코늘리기 8 [16코]

3단: (짧은뜨기 1, 코늘리기 1) × 8 [24코]

4단: 짧은뜨기 1, (코늘리기 1, 짧은뜨기 2) × 7, 코늘리기 1, 짧은뜨기 1 [32코]

5단: (짧은뜨기 3, 코늘리기 1) × 8 [40코]

6단: 짧은뜨기 2, (코늘리기 1, 짧은뜨기 4) × 7, 코늘리기 1, 짧은뜨기 2 [48코]

7단: (짧은뜨기 5, 코늘리기 1) × 8 [56코]

8단: 짧은뜨기 3, (코늘리기 1, 짧은뜨기 6) × 7, 코늘리기 3 [64코]

9단: (짧은뜨기 7, 코늘리기 1) × 8 [72코]

10단: 짧은뜨기 4, (코늘리기 1, 짧은뜨기 8) × 7, 코늘리기 1, 짧은뜨기 4 [80코]

11단: (짧은뜨기 9, 코늘리기 1) × 8 [88코]

바이저는 충전재를 채우지 않는다. 뜨개 안쪽이 안으로 오도록 하여 반으로 접는다. 다음 단에서 두 겹을 겹쳐 뜬다. 실을 끊고 정리한다.

12단: 빼뜨기 44 [44코](사진 9)

실을 끊고 정리한다. 모자 가장자리에 바이저를 핀으로 고정하고, 진회색 실 1가닥을 사용하여 깔끔하게 꿰맨다.(사진 10-11) 모자 앞부분에 작은 회색 단추를 달아 장식한다.(사진 12)

우편 가방 실: 겨자색 / 코바늘 1.5mm

사슬뜨기 31. 기초 사슬코의 양쪽을 따라 뜬다.

1단: 2번째 사슬코에서 시작하여 짧은뜨기 29, 다음 코에 짧은뜨기 3. 기초 사슬코 반대쪽 고리에 짧은뜨기 29, 사슬뜨기 1, 뒤집기 [61코]

2단: 짧은뜨기 29, 코늘리기 3, 짧은뜨기 29, 사슬뜨기 1, 뒤집기 [64코]

3단: 짧은뜨기 29, (짧은뜨기 1, 코늘리기 1) × 3, 짧은뜨기 29, 사슬뜨기 1, 뒤집기 [67코]

4단: 짧은뜨기 30, (코늘리기 1, 짧은뜨기 2) × 2, 코늘리기 1, 짧은뜨기 30, 사슬뜨기 1, 뒤집기 [70코]

5단: 짧은뜨기 29, (짧은뜨기 3, 코늘리기 1) × 3, 짧은뜨기 29, 사슬뜨기 1, 뒤집기 [73코]

6단: 짧은뜨기 31, (코늘리기 1, 짧은뜨기 4) × 2, 코늘리기 1, 짧은뜨기 31, 사슬뜨기 1, 뒤집기 [76코]

7단: 짧은뜨기 29, (짧은뜨기 5, 코늘리기 1) × 3, 짧은뜨기 29, 사슬뜨기 1, 뒤집기 [79코]

8단: 짧은뜨기 32, (코늘리기 1, 짧은뜨기 6) × 2, 코늘리기 1, 짧은뜨기 32, 사슬뜨기 1, 뒤집기 [82코]

실 바꾸기: 진회색

> Note: 다음 단에는 솟아오른 부분이 없으므로, 둥근 부분(가방 덮개)을 따라 느슨하게 작업하여 평평하게 유지한다.

9단: 짧은뜨기 81, 빼뜨기 [82코]

실을 끊지 않고 남겨둔다. 스트랩을 계속 이어 뜬다.

스트랩(가방 끈) 실: 진회색 / 코바늘 1.5mm

사슬뜨기 71

1단: 2번째 사슬코에서 시작하여 짧은뜨기 70 [70코]

꼬리실을 길게 남기고 끊는다.(사진 13) 바닥 부분(10~12코)을 접어서 주머니를 만든다.(사진 14) 진회색 실 1가닥을 사용하여 가방의 측면을 꿰매어 닫는다. 끈의 느슨한 끝도 제자리에 꿰매어 고정한다. 가방 덮개에 작은 단추를 달아 장식한다.(사진 15)

마무리하기

- 얼굴에 자수를 한다. 마커나 재봉핀을 사용하여 먼저 눈, 눈썹, 뺨의 위치를 표시한다.
- 눈은 진회색 또는 검은색 자수실 1~2가닥을 사용하여 수놓는다. 멀릿의 상단 가장자리에서 1단 아래, 15~16코 간격을 두고 배치한다.
- 분홍색 자수실을 사용하여 눈 아래에 뺨을 수놓는다.
- 영국 콧수염은 스테판의 자랑거리이므로 만드는 데 시간을 투자해야 한다. 너비는 18코, 높이는 9코이다. 또한 약간 비대칭적이어

서 오른쪽 부분이 왼쪽 부분보다 약간 크다. 마커로 위치를 그린 다음 연갈색 실 1~2가닥을 사용하여 무작위 짧은 스티치로 덮는다.(사진 16)

- 우편 가방을 스테판의 어깨에 걸치고 모자를 머리에 씌운다. 가방에 접힌 종이를 넣어 스테판이 바쁘게 보이게 하고 가방을 튼튼하게 완성한다.

하비바

그녀의 이름에서 알 수 있듯이('하비바'는 아랍어로 '사랑하는 사람'을 뜻함), 하비바 선생님은 가장 친절하고 상냥하게 아이들을 보살피는 선생님입니다. 그녀는 방과 후 아이들이 그녀의 고양이 버블스와 놀게 하고, 도움이 필요한 사람에게는 항상 위로의 포옹을 합니다.

난이도
★★

완성 작품 크기
23.5 cm

재료 및 도구
- 실
  • 보라색
  • 연베이지색
  • 파란색
  • 분홍색
  • 와인색
  • 겨자색
  • 회색
  • 진분홍색(조금)
  • 연회색(조금)
- 코바늘 1.5mm
- 검은색, 분홍색 자수실
- 자수용 바늘
- 돗바늘, 핀
- 발을 지탱하기 위한 단추 2개(1.4cm)
- 작은 구슬 2개
- 접착제, 플라이어
- 나비용 와이어(8cm)
- 안경용 녹색 와이어(20cm)
- 마커, 충전재

---

www.amigurumi.com/3915
사이트에 작품을 올려보세요. 다른 작품을 통해 영감을 얻을 수 있어요.

다리(2개)　실: 보라색 / 코바늘 1.5mm

Note: 하비바의 바지는 그랜마의 바지와 비슷하다. 다리와 바지 다리를 따로 떠야 하는데, 바지 다리를 다리에 직접 부착한 다음 바지 다리를 함께 연결하여 몸을 만든다.

1단: 매직링에 짧은뜨기 6 [6코]
2단: 코늘리기 6 [12코]
3단: (짧은뜨기 1, 코늘리기 1) × 6 [18코]
4단: 뒷고리 이랑뜨기로 짧은뜨기 18 [18코]
5단: 짧은뜨기 18 [18코]

Note: 이때 발 안쪽에 평평한 단추를 넣는다. 귀여운 작은 발굽과 같은 모양을 만들려면 밑창을 평평하게 유지하는 것이 중요하다.

6단: (안 보이게 코줄이기 1, 짧은뜨기 1) × 6 [12코]

Note: 바지가 길고 벗겨지지 않기 때문에 다리 부분이 잘 보이지 않으므로 8단부터 남은 실이나 인기 없는 색깔의 실을 사용해도 된다.

7~26단: 짧은뜨기 12 [12코]
충전재를 계속 채우면서 뜬다.
27단: (짧은뜨기 3, 코늘리기 1) × 3 [15코]
28단: 짧은뜨기 2, (코늘리기 1, 짧은뜨기 4) × 2, 코늘리기 1, 짧은뜨기 2 [18코]
29단: (짧은뜨기 5, 코늘리기 1) × 3 [21코]
30단: 짧은뜨기 3, (코늘리기 1, 짧은뜨기 6) × 2, 코늘리기 1, 짧은뜨기 3 [24코]
31단: (짧은뜨기 7, 코늘리기 1) × 3 [27코]
32단: 짧은뜨기 27 [27코]
실을 끊고 정리한다. 다리에 충전재가 단단하게 채워졌는지 확인한다. 다리는 따로 두고 바지 다리를 만든다.

바지 다리(2개)　실: 파란색 / 코바늘 1.5mm

실을 길게 남기고 시작한다. 나중에 바지 다리 아랫부분을 한 단 더 뜰 때 필요하다.
사슬뜨기 21. 첫 코에 빼뜨기하여 원 모양을 만든다.

1단: 사슬코에 짧은뜨기 21 [21코]
2~7단: 짧은뜨기 21 [21코]
실을 끊지 않고 남겨둔다. 1단으로 돌아가서 처음에 남겨둔 실을 사용하여 바지 다리 아랫부분

을 따라 빼뜨기한다. 실을 끊고 고정한다. 7단에 계속 이어서 뜬다.

8단: 짧은뜨기 3, (코늘리기 1, 짧은뜨기 6) × 2, 코늘리기 1, 짧은뜨기 3 [24코]

9~15단: 짧은뜨기 24 [24코]

16단: (짧은뜨기 7, 코늘리기 1) × 3 [27코]

17~24단: 짧은뜨기 27 [27코]

몇 개의 짧은뜨기를 추가하거나 줄여 시작코를 다리 옆으로 옮기고 마커로 표시한다. 여기가 새로운 단의 시작 지점이다. 바지 다리를 다리 위에 놓고 가장자리를 정렬한다. 다음 단에서는 다리와 바지 다리를 함께 연결한다.

25단: 두 부분을 겹쳐 짧은뜨기 27 [27코]

실을 끊고 정리한다. 두 번째 다리와 바지 다리도 같은 방식으로 연결하되, 실을 끊지 않고 남겨둔다. 다음 단에서는 바지 다리를 모두 연결하고 몸을 뜬다.

몸 실: 파란색, 분홍색, 연베이지색 / 코바늘 1.5mm

1단: 파란색으로 계속 뜬다. 첫 번째 바지 다리에 짧은뜨기로 연결, 첫 번째 바지 다리에 짧은뜨기 26, 두 번째 바지 다리에 짧은뜨기 27 [54코]

짧은뜨기를 14코 추가하거나 줄여 시작코를 다리 옆으로 옮기고 마커로 표시한다. 여기가 새로운 단의 시작 지점이다.

2~5단: 짧은뜨기 54 [54코]

실 바꾸기: 분홍색

6단: 짧은뜨기 54 [54코]

7단: 뒷고리 이랑뜨기로 작업한다. 짧은뜨기 4, (코늘리기 1, 짧은뜨기 8) × 5, 코늘리기 1, 짧은뜨기 4 [60코]

8단: (짧은뜨기 9, 코늘리기 1) × 6 [66코]

9단: 짧은뜨기 5, (코늘리기 1, 짧은뜨기 10) × 5, 코늘리기 1, 짧은뜨기 5 [72코]

10~15단: 짧은뜨기 72 [72코]

16단: 짧은뜨기 11, (안 보이게 코줄이기 1, 짧은뜨기 22) × 2, 안 보이게 코줄이기 1, 짧은뜨기 11 [69코]

17단: 짧은뜨기 69 [69코]

18단: (짧은뜨기 21, 안 보이게 코줄이기 1) × 3 [66코]

19단: 짧은뜨기 66 [66코]

20단: 짧은뜨기 10, (안 보이게 코줄이기 1, 짧은뜨기 20) × 2, 안 보이게 코줄이기 1, 짧은뜨기 10 [63코]

21단: 짧은뜨기 63 [63코]

22단: (짧은뜨기 19, 안 보이게 코줄이기 1) × 3 [60코]

23단: 짧은뜨기 60 [60코]

24단: 짧은뜨기 9, (안 보이게 코줄이기 1, 짧은뜨기 18) × 2, 안 보이게 코줄이기 1, 짧은뜨기 9 [57코]

25단: 짧은뜨기 57 [57코]

26단: (짧은뜨기 17, 안 보이게 코줄이기 1) × 3 [54코]

27단: (짧은뜨기 7, 안 보이게 코줄이기 1) × 6 [48코]

28단: 짧은뜨기 7, (안 보이게 코줄이기 1, 짧은뜨기 14) × 2, 안 보이게 코줄이기 1, 짧은뜨기 7 [45코]

29단: (짧은뜨기 13, 안 보이게 코줄이기 1) × 3 [42코]

30단: 짧은뜨기 6, (안 보이게 코줄이기 1, 짧은뜨기 12) × 2, 안 보이게 코줄이기 1, 짧은뜨기 6 [39코]

31단: (짧은뜨기 11, 안 보이게 코줄이기 1) × 3 [36코]

32단: 짧은뜨기 36 [36코]

짧은뜨기를 4~5코 추가하거나 줄여 시작코를 다리 옆으로 옮기고 마커로 표시한다. 여기가 새로운 단의 시작 지점이다.

실 바꾸기: 연베이지색

33~34단: 짧은뜨기 36 [36코]

꼬리실을 길게 남기고 끊는다. 몸에 충전재를 단단히 채운다.

스웨터 실: 분홍색 / 코바늘 1.5mm

인형의 다리가 몸에서 멀어지도록 잡고 몸 6단의 마지막 남은 앞쪽 사슬코에서 분홍색 실을 끌어온다.

1단: 앞고리 이랑뜨기로 짧은뜨기 54 [54코]

2~3단: (한길긴뜨기 앞걸어뜨기 1, 한길긴뜨기 뒤걸어뜨기 1) × 27 [54코]

실을 끊고 고정한다.(사진 1)

머리 실: 연베이지색 / 코바늘 1.5mm

1단: 매직링에 짧은뜨기 6 [6코]

2단: 코늘리기 6 [12코]

3단: (짧은뜨기 1, 코늘리기 1) × 6 [18코]

4단: 짧은뜨기 1, (코늘리기 1, 짧은뜨기 2) × 5, 코늘리기 1, 짧은뜨기 1 [24코]

5단: (짧은뜨기 3, 코늘리기 1) × 6 [30코]

6단: 짧은뜨기 2, (코늘리기 1, 짧은뜨기 4) × 5, 코늘리기 1, 짧은뜨기 2 [36코]

7단: (짧은뜨기 5, 코늘리기 1) × 6 [42코]

8단: 짧은뜨기 3, (코늘리기 1, 짧은뜨기 6) × 5, 코늘리기 1, 짧은뜨기 3 [48코]

9단: (짧은뜨기 7, 코늘리기 1) × 6 [54코]

10단: 짧은뜨기 4, (코늘리기 1, 짧은뜨기 8) × 5, 코늘리기 1, 짧은뜨기 4 [60코]

11~22단: 짧은뜨기 60 [60코]

23단: 짧은뜨기 4, (안 보이게 코줄이기 1, 짧은뜨기 8) × 5, 안 보이게 코줄이기 1, 짧은뜨기 4 [54코]

24단: (짧은뜨기 7, 안 보이게 코줄이기 1) × 6 [48코]

충전재를 계속 채우면서 뜬다.

25단: 짧은뜨기 3, (안 보이게 코줄이기 1, 짧은뜨기 6) × 5, 안 보이게 코줄이기 1, 짧은뜨기 3 [42코]

26단: (짧은뜨기 5, 안 보이게 코줄이기 1) × 6 [36코]

27단: 뒷고리 이랑뜨기로 작업한다. 짧은뜨기 2, (안 보이게 코줄이기 1, 짧은뜨기 4) × 5, 안 보이게 코줄이기 1, 짧은뜨기 2 [30코]

28단: (짧은뜨기 3, 안 보이게 코줄이기 1) × 6 [24코]

29단: 짧은뜨기 1, (안 보이게 코줄이기 1, 짧은뜨기 2) × 5, 안 보이게 코줄이기 1, 짧은뜨기 1 [18코]

충전재를 단단하게 채운다.

30단: (안 보이게 코줄이기 1, 짧은뜨기 1) × 6 [12코]

31단: 안 보이게 코줄이기 6 [6코]

꼬리실을 길게 남기고 끊는다. 바늘을 사용하여 꼬리실을 앞쪽 사슬 코에 엮고 단단히 당겨 정리한다. 실을 끊고 정리한다.

머리 26단의 남은 코의 앞쪽 고리에 머리와 몸을 함께 바느질하여 고정한다. 솔기를 닫기 전에 목 부위에 충전재를 더 단단히 채운다.(젓가락 사용) 나중에 히잡이 충분히 눈에 띄도록 목이 드러나도록 한다.

팔(2개) 실: 연베이지색, 분홍색 / 코바늘 1.5mm

1단: 연베이지색. 매직링에 짧은뜨기 6 [6코]

2단: (짧은뜨기 1, 코늘리기 1) × 3 [9코]

3단: 짧은뜨기 9 [9코]

4단: 짧은뜨기 4, 한길긴뜨기 5코 버블 스티치 1, 짧은뜨기 4 [9코]

5~7단: 짧은뜨기 9 [9코]

실 바꾸기: 분홍색

> Note: 실의 색깔을 바꾸는 지점이 팔의 안쪽에 있는지 확인한다. 몇 개의 짧은뜨기를 추가하거나 줄여 마지막 지점을 맞춘다.

8단: 뒷고리 이랑뜨기로 짧은뜨기 9 [9코]

손에 충전재를 단단하게 채운다.

9단: 스파이크 스티치 9 [9코]

10단: 뒷고리 이랑뜨기로 코늘리기 9 [18코]

11단: 짧은뜨기 1, (코늘리기 1, 짧은뜨기 2) × 5, 코늘리기 1, 짧은뜨기 1 [24코]

12~16단: 짧은뜨기 24 [24코]

17단: 짧은뜨기 3, (안 보이게 코줄이기 1, 짧은뜨기 6) × 2, 안 보이게 코줄이기 1, 짧은뜨기 3 [21코]

18~20단: 짧은뜨기 21 [21코]

21단: (짧은뜨기 5, 안 보이게 코줄이기 1) × 3 [18코]

22~24단: 짧은뜨기 18 [18코]

25단: 짧은뜨기 2, (안 보이게 코줄이기 1, 짧은뜨기 4) × 2, 안 보이게 코줄이기 1, 짧은뜨기 2 [15코]

26~28단: 짧은뜨기 15 [15코]

소매 부분에는 충전재를 가볍게 채워서 봉제 후 팔 부분이 너무 튀어

나오지 않도록 한다.

29단: (짧은뜨기 3, 안 보이게 코줄이기 1) × 3 [12코]

30~31단: 짧은뜨기 12 [12코]

엄지가 어두운 부분의 중앙에 있는지 확인하고, 필요한 경우 몇 개의 짧은뜨기를 추가하거나 줄여 마지막 지점을 맞춘다.

32단: 짧은뜨기 6 [6코]

꼬리실을 길게 남기고 끊는다. 팔을 몸 옆면에 목선 아래 4~5단, 27~28단 사이에 바느질하여 고정한다.

머리카락   실: 와인색 / 코바늘 1.5mm

1단: 매직링에 짧은뜨기 6 [6코]

2단: 코늘리기 6 [12코]

3단: (짧은뜨기 1, 코늘리기 1) × 6 [18코]

4단: 짧은뜨기 1, (코늘리기 1, 짧은뜨기 2) × 5, 코늘리기 1, 짧은뜨기 1 [24코]

5단: (짧은뜨기 3, 코늘리기 1) × 6 [30코]

6단: 짧은뜨기 2, (코늘리기 1, 짧은뜨기 4) × 5, 코늘리기 1, 짧은뜨기 2 [36코]

7단: (짧은뜨기 5, 코늘리기 1) × 6 [42코]

8단: 짧은뜨기 3, (코늘리기 1, 짧은뜨기 6) × 5, 코늘리기 1, 짧은뜨기 3 [48코]

9단: (짧은뜨기 7, 코늘리기 1) × 6 [54코]

> Note: 하비바의 히잡을 벗기지 않으려면 여기서 이 부분을 머리에 꿰매어 고정하면 된다(머리 장식 아래에서 일부만 볼 수 있기 때문이다). 만약 벗길 수 있게 하려면 머리카락을 계속 뜬다.

1단: 2번째 사슬코에서 시작하여 짧은뜨기 1, 긴뜨기 6, 짧은뜨기 5, 짧은뜨기 2, 뒤집기 [14코]

2단: 건너뛰기 2, 뒷고리 이랑뜨기로 짧은뜨기 5, 뒷고리 이랑뜨기로 긴뜨기 6, 짧은뜨기 1, 사슬뜨기 1, 뒤집기 [12코](사진 2-3)

3단: 짧은뜨기 1, 뒷고리 이랑뜨기로 긴뜨기 6, 뒷고리 이랑뜨기로 짧은뜨기 5, 짧은뜨기 2, 뒤집기 [14코]

4~31단: 2~3단과 같은 방법으로 반복하여 뜬다.(사진 4)

32단: 2단과 같은 방법으로 반복하여 뜬다. [12코]

33단: 짧은뜨기 1, 뒷고리 이랑뜨기로 긴뜨기 6, 뒷고리 이랑뜨기로 짧은뜨기 5, 빼뜨기 1 [13코]

하비바의 앞머리를 위한 머리카락 1가닥을 계속 만들어준다.

사슬뜨기 20

34단: 2번째 코에서 시작하여 사슬뜨기 1, 빼뜨기 2, 짧은뜨기 15, 빼뜨기 2

실을 끊고 정리한다.(사진 5)

> Note: 머리카락은 누군가가 이미 한입 베어물었던 초콜릿처럼 보여야 한다. 히잡이 완성될 때까지 머리카락을 고정하지 않는다.

히잡 : 보닛+스카프

손뜨개 옷은 접기가 꽤 두껍고 딱딱하기 때문에, 전통적인 솔의 모양을 조금 변형하였다. 하비바의 히잡은 실제로 하단 가장자리에 긴 스카프가 달린 보닛을 응용한 것이다.

보닛   실: 겨자색 / 코바늘 1.5mm

사슬뜨기 8

1단: 2번째 사슬코에서 시작하여 긴뜨기 6, 다음 코에 긴뜨기 6, 기초 사슬코의 반대쪽 고리에 긴뜨기 6, 사슬뜨기 1, 뒤집기 [18코]

2단: 긴뜨기 6, 긴뜨기로 코늘리기 6, 긴뜨기 6, 사슬뜨기 1, 뒤집기 [24코]

3단: 긴뜨기 6, (긴뜨기 1, 긴뜨기로 코늘리기 1) × 6, 긴뜨기 6, 사슬뜨기 1, 뒤집기 [30코]

4단: 긴뜨기 7, (긴뜨기로 코늘리기 1, 긴뜨기 2) × 5, 긴뜨기로 코늘리기 1, 긴뜨기 7, 사슬뜨기 1, 뒤집기 [36코]

5단: 긴뜨기 6, (긴뜨기 3, 긴뜨기로 코늘리기 1) × 6, 긴뜨기 6, 사슬뜨기 1, 뒤집기 [42코]

6단: 긴뜨기 8, (긴뜨기로 코늘리기 1, 긴뜨기 4) × 5, 긴뜨기로 코늘리기 1, 긴뜨기 8 [48코](사진 6)

7~14단: 긴뜨기 48, 사슬뜨기 1, 뒤집기 [48코]

15단: 긴뜨기 7, (긴뜨기로 코줄이기 1, 긴뜨기 14) × 2, 긴뜨기로 코줄이기 1, 긴뜨기 7, 사슬뜨기 1, 뒤집기 [45코]

16단: 짧은뜨기 45 [45코](사진 7)

실을 끊지 않고 남겨둔다. 스카프를 계속 만든다.

스카프   실: 겨자색 / 코바늘 1.5mm

겨자색으로 계속 뜬다. 사슬뜨기 73

1단: 2번째 사슬코에서 시작하여 긴뜨기 72, 보닛의 끝을 따라 긴뜨기한다(그보다 더 많이 떠도 괜찮다. 단, 다음 단 콧수는 짝수가 되어야 한다.) 사슬뜨기 90, 사슬뜨기 1, 뒤집기 [196코](사진 8)

2단: 사슬코에 긴뜨기 90, 긴뜨기 106, 사슬뜨기 1, 뒤집기 [196코]

3~5단: 긴뜨기 196, 사슬뜨기 1, 뒤집기 [196코]

6단: 긴뜨기 90, 짧은뜨기 2, 빼뜨기 1 [93코]

뜨지 않은 코는 남겨둔다. 실을 끊고 정리한다.(사진 9)

머리카락과 히잡을 씌우고, 필요하다면 머리카락의 몇 줄을 풀어본다. 앞머리가 약간만 보이도록 한다. 머리카락을 와인색 실 1가닥으로

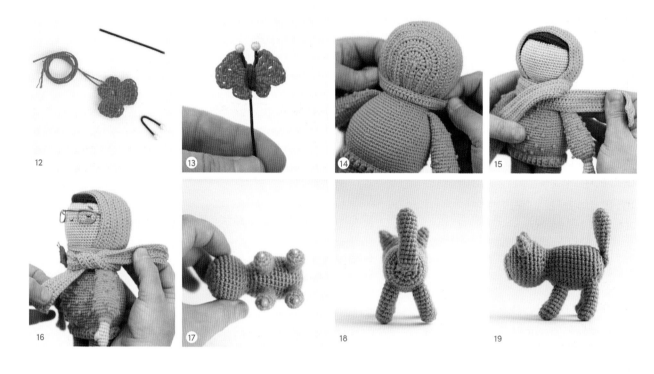

머리에 꿰맨다. 앞머리 끝을 얼굴 반대쪽에 꿰매고(사진 10) 대조적인 색깔의 스티치 몇 개를 수놓아 머리핀을 표현한다.(사진 11)

나비 브로치 실: 진분홍색 / 코바늘 1.5mm / 패턴 10(135쪽)

1단: 매직링에 사슬뜨기 2, 다음 코에 한길긴뜨기 2, 사슬뜨기 2, 빼뜨기 1, (사슬뜨기 4, 다음 코에 세길긴뜨기 4, 사슬뜨기 4, 빼뜨기 1) × 2, 사슬뜨기 2, 다음 코에 한길긴뜨기 2, 사슬뜨기 2, 빼뜨기 1 매직링을 단단하게 닫아 고정하고 꼬리실을 길게 남기고 끊는다.

> Note: 부드러운 실을 사용하는 경우 날개가 말려 올라갈 가능성이 있으므로 다음 단계로 넘어가기 전에 풀을 칠해야 할 수도 있다.

- 얇은 와이어 두 개(길이 4cm)를 자른다. 그중 하나는 핀(실제 재봉핀을 대신 사용할 수도 있음)이고, 두 번째는 나비의 더듬이를 만드는 데 사용된다.
- 조각 중 하나를 구부려 V자 모양을 만들고 양쪽 끝에 작은 구슬을 붙인다. 대조적인 색깔의 남은 실 조각을 사용하여 실을 나비 위로 감고 조각 중앙을 몇 번 감싸서 더듬이를 나비에 고정한다.
- 매듭을 묶고 실을 끊는다.

- 완성된 나비를 두 번째 와이어 조각 위에 고정한다.(사진 12-13)

마무리하기

- 스웨터 앞부분에 무작위로 프렌치 매듭을 수놓는다. 이때 팔 아래 부분은 건너뛴다.(튀어나오지 않도록 하기 위해서이다.)
- 얼굴에 자수를 한다. 마커나 재봉핀을 사용하여 먼저 눈, 눈썹, 입, 뺨의 위치를 표시한다.
- 눈은 진회색 또는 검은색 자수실 1~2가닥을 사용하여 수놓는다. 이마에서 5단 아래, 12코 간격을 두고 배치한다.
- 눈 아래 1단, 눈 사이 중앙에 입을 수놓는다.
- 분홍색 자수실을 사용하여 눈 아래에 뺨을 수놓는다.
- 히잡을 입히고 스카프의 중앙 뒤쪽 부분을 위로 접어 목에 꼭 맞게 한다.(사진 14) 끝을 하비바의 목에 감고 원하는 경우 매듭을 묶는다. 벗지 않을 거라면 바느질하여 고정한다.(사진 15-16)
- 할아버지의 안경을 만든 것과 같은 방식으로 와이어로 안경을 만든다.(51쪽 참조)
- 나비 브로치를 바느질하여 고정한다.

고양이 버블

버블은 항상 하비바 부인이 차려주는 저녁을 먹고 매우 순하게 행동한다. 버블은 껴안는 것을 좋아하고, 하비바 부인이 학교에서 일하는 동안 종종 만화 톰과 제리를 본다.

> Note: 고양이의 몸은 모두 매우 작기 때문에 바느질할 때 실을 여러 가닥으로 나누어 꿰매는 것이 좋다.

머리 & 몸 　실: 회색 / 코바늘 1.5mm

1단: 매직링에 짧은뜨기 6 [6코]

2단: 코늘리기 6 [12코]

3단: (짧은뜨기 1, 코늘리기 1) × 6 [18코]

4단: 짧은뜨기 1, (코늘리기 1, 짧은뜨기 2) × 5, 코늘리기 1, 짧은뜨기 1 [24코]

5단: (짧은뜨기 3, 코늘리기 1) × 6 [30코]

6~11단: 짧은뜨기 30 [30코]

12단: (짧은뜨기 3, 안 보이게 코줄이기 1) × 6 [24코]

13단: 짧은뜨기 1, (안 보이게 코줄이기 1, 짧은뜨기 2) × 5, 안 보이게 코줄이기 1, 짧은뜨기 1 [18코]

머리에 충전재를 단단하게 채운다.

14단: 짧은뜨기 12, (코늘리기 1, 짧은뜨기 1) × 3 [21코]

15단: 짧은뜨기 13, (코늘리기 1, 짧은뜨기 2) × 2, 코늘리기 1, 짧은뜨기 1 [24코]

16단: 짧은뜨기 12, (코늘리기 1, 짧은뜨기 3) × 3 [27코]

17~26단: 짧은뜨기 27 [27코]

27단: (짧은뜨기 7, 안 보이게 코줄이기 1) × 3 [24코]

28단: 짧은뜨기 1, (안 보이게 코줄이기 1, 짧은뜨기 2) × 5, 안 보이게 코줄이기 1, 짧은뜨기 1 [18코]

29단: (짧은뜨기 1, 안 보이게 코줄이기 1) × 6 [12코]

충전재를 단단히 채운다.

30단: 안 보이게 코줄이기 6 [6코]

꼬리실을 길게 남기고 끊는다. 바늘을 사용하여 꼬리실을 앞쪽 사슬코에 엮고 단단히 당겨 정리한다. 실을 끊고 정리한다.

다리(4개)　실: 회색 / 코바늘 1.5mm

1단: 매직링에 짧은뜨기 6 [6코]

2단: 코늘리기 6 [12코]

3단: 짧은뜨기 12 [12코]

4단: 안 보이게 코줄이기 3, 짧은뜨기 6 [9코]

5~10단: 짧은뜨기 9 [9코]

꼬리실을 길게 남기고 끊는다. 고양이가 지지대 없이 설 수 있도록 다리에 충전재를 단단하게 채운다. 배(몸의 더 둥근 부분)의 18~26단 사이에 다리를 4~5코 간격을 두고 바느질하여 고정한다.(사진 17) 구조가 안정적이고 고양이가 한쪽으로 구르지 않는지 확인한다.

꼬리   실: 회색 / 코바늘 1.5mm

1단: 매직링에 짧은뜨기 6 [6코]

2단: 코늘리기 6 [12코]

3~7단: 짧은뜨기 12 [12코]

8단: (안 보이게 코줄이기 1, 짧은뜨기 4) × 2 [10코]

9~14단: 짧은뜨기 10 [10코]

꼬리 부분에 충전재를 채우되, 마지막 4~5코 부분은 채우지 않는다. 꼬리 부분을 납작하게 펴고 다음 단에서 두 겹을 겹쳐 뜬다.

15단: 짧은뜨기 5 [5코]

꼬리실을 길게 남기고 끊는다. 고양이 몸 뒤쪽에 꼬리를 꿰매어 위를 향하게 한다.(사진 18-19)

리본   실: 분홍색 / 코바늘 1.5mm

실을 길게 남기고 시작한다.

1단: (사슬뜨기 12, 첫 코에 빼뜨기 1, 사슬코에 짧은뜨기 12) × 2, (사슬뜨기 6, 2번째 사슬코에서 시작하여 짧은뜨기 4, 빼뜨기 1) × 2 꼬리실을 길게 남기고 끊는다.

- 실 끝을 리본 가운데에 두 번 감고 매듭을 묶는다. 이 실을 사용하여 리본을 고양이 목에 고정한다.
- 실 1가닥을 몸통 안에 숨긴다. 두 번째 실가닥은 끈이 된다. 고양이 끈을 하비바의 손목에 묶는다.

귀   실: 회색 / 코바늘 1.5mm

1단: 매직링에 짧은뜨기 4 [4코]

2단: (코늘리기 1, 짧은뜨기 1) × 2 [6코]

3단: (코늘리기 1, 짧은뜨기 1) × 3 [9코]

4단: 짧은뜨기 1, (코늘리기 1, 짧은뜨기 2) × 2, 코늘리기 1, 짧은뜨기 1 [12코]

꼬리실을 길게 남기고 끊는다. 머리 위쪽에 5~6코 간격을 두고 바느질하여 고정한다.

주둥이   실: 연회색 / 코바늘 1.5mm

사슬뜨기 6. 기초 사슬코의 양쪽을 따라 뜬다.

1단: 2번째 코에서 시작하여 코늘리기 1, 짧은뜨기 3, 다음 코에 짧은뜨기 4. 기초 사슬코의 반대쪽 고리에 짧은뜨기 3, 코늘리기 1 [14코]

실을 끊고 정리한다. 얼굴 중앙에 주둥이를 꿰맨다. 하비바의 옷을 만들 때 남은 실로 눈과 코를 수놓는다.

기호 설명:
- ► 시작코
- ⌒ 빼뜨기
- ○ 사슬코
- × 짧은뜨기
- T 긴뜨기
- V 코늘리기
- Ŧ 한길긴뜨기
- ŧ 두길긴뜨기
- ≢ 세길긴뜨기

19 ch
25 ch

우리의 아이디어를 현실로 만들고, 우리의 모든 '만약', '하지만', '모르겠다'에 대해
인내심을 가지고 관대한 태도를 보여준 출판사와 편집자들에게 진심으로 감사 인사를 드립니다.
또 이 책을 위해 열심히 일해준 모든 테스터에게 큰 감사를 전합니다.

☆

동네 커피숍 주인에게 특별히 감사드립니다. 카페인을 공급하고,
필요할 때마다 사진을 찍는 데 도움을 주셔서 감사합니다.
우리에게 큰 영감을 주고, 우리의 미숙한 작품을 보며 끊임없이 웃고 격려해 준 동료들께 감사합니다.
언제든 기꺼이 도움을 준 인스타 친구들에게 감사드립니다.

☆

이 모든 캐릭터를 만들고 우리가 그것들을 손뜨개 인형으로 뜰 수 있게 해준 누르 압달라에게 감사를 전합니다.
우리의 게시물에 '좋아요'를 누르고, 공유하고, 댓글을 달고, 패턴을 구매하고, 계속하고 싶게 만들어 준
모든 아름다운 사람들에게 감사드립니다. 그리고 이 책을 들고 있는 여러분께도!

☆

다샤와 케이트에게 감사를 전합니다. 제 비전을 손뜨개 인형으로 완벽하게 바꿔 주셔서 감사드립니다.
그들이 없었다면 이 책은 존재하지 않았을 것입니다.
모든 단계에서 우리를 도와주고 지원해 준 모든 분께 감사드립니다. 여러분 덕분에 여기까지 올 수 있었습니다.